萝卜、胡萝卜、马铃薯

病虫害快速鉴别与防治妙招

王天元　编

化学工业出版社
·北京·

图书在版编目（CIP）数据

萝卜、胡萝卜、马铃薯病虫害快速鉴别与防治妙招 / 王天元编. —北京：化学工业出版社，2019.11
ISBN 978-7-122-35128-9

Ⅰ.①萝… Ⅱ.①王… Ⅲ.①萝卜-病虫害防治②胡萝卜-病虫害防治③马铃薯-病虫害防治 Ⅳ.①S436.31②S435.32

中国版本图书馆CIP数据核字（2019）第191691号

责任编辑：邵桂林　　装帧设计：关　飞
责任校对：刘　颖

出版发行：化学工业出版社
（北京市东城区青年湖南街13号　邮政编码100011）
印　　装：北京缤索印刷有限公司
850mm×1168mm　1/32　印张6¼　字数174千字
2020年1月北京第1版第1次印刷

购书咨询：010-64518888　　售后服务：010-64518899
网　　址：http：//www.cip.com.cn
凡购买本书，如有缺损质量问题，本社销售中心负责调换。

定　　价：39.80元

前言

病虫害防治是蔬菜生产的重要保障，只有正确识别和了解病虫害的发生规律及传播途径，才能做到对症下药，进行及时的预防和控制。在病虫害防治上，过去由于长期单一依赖化学药剂防治，病虫害产生耐药性，天敌数量严重减少或灭绝，同时造成农药残留污染超标。既要减少化学药剂的污染，同时又要保证蔬菜丰产、稳产，已成为蔬菜生产的重要举措。要正确合理地使用低毒、低残留、无公害农药，按照科学的使用方法，有效地防治蔬菜病虫害。应充分利用整个农业生态系统，应用综合防治方法，采取可持续治理的策略，安全、经济、有效地控制病虫的危害发生，减少生产损失，提高蔬菜产品的质量。

为了适应蔬菜生产的需求，笔者结合各地蔬菜生产及实践经验，编写了本书。全书紧密围绕无公害蔬菜的生产需要，针对蔬菜生产上可能遇到的大多数病虫害，包括不断出现的新病虫害，主要介绍了萝卜、胡萝卜和马铃薯病虫害的为害症状、快速鉴别、病原及发病规律、虫害生活习性及发生规律、虫害形态特征及病虫害的综合防治方法。全书内容详细、科学实用、通俗易懂、图文并茂，贴近农业生产、贴近农村生活、贴近菜农需要。书中设计了“提示”小栏目，以引起读者的注意。本书具有非常强的科学性、实用性和可操作性，适合广大蔬菜生产者学习使用，是脱贫致富的好帮手。

笔者在编写过程中，得到了有关专家和单位的大力支持与帮助，参阅了相关书刊，引用了一些蔬菜专家的文献资料和图片，在此对相关单位和个人表示衷心的感谢！

尽管笔者从主观上力图将理论与实践、经验与创新、当前与长远充分结合起来写好本书，但由于水平有限，加之编写时间仓促，疏漏和不妥之处在所难免，敬请广大读者批评指正，以便将来在再版时修改和完善。

王天元

2019年10月

目录

第一章　萝卜病虫害快速鉴别与防治 / 1

第一节　萝卜主要病害快速鉴别与防治 / 1

第二节　萝卜主要虫害快速鉴别与防治 / 35

第二章　胡萝卜病虫害快速鉴别与防治 / 43

第一节　胡萝卜主要病害快速鉴别与防治 / 43

第二节　胡萝卜主要虫害快速鉴别与防治 / 72

第三章　马铃薯病虫害快速鉴别与防治 / 90

第一节　马铃薯主要病害快速鉴别与防治 / 90

第二节 马铃薯主要虫害快速鉴别与防治 / 153

第三节 马铃薯病虫害综合防治 / 188

参考文献 / 194

第一章

萝卜病虫害快速鉴别与防治

萝卜（图1-1）为十字花科，萝卜属，二年或一年生草本植物。高20～100厘米，肉质直根，长圆形、球形或圆锥形，外皮绿色、白色或红色，茎有分支，无毛，稍具粉霜。总状花序，顶生及腋生，花白色或粉红色，果梗长1～1.5厘米，花期4～5月，果期5～6月。

世界各地都有种植，在气候条件适宜的地区四季均可种植，多数地区以秋季栽培为主，成为秋、冬季的主要蔬菜之一。

萝卜根作为蔬菜食用。种子、鲜根、枯根、叶皆可入药。种子消食化痰，鲜根止渴、助消化；枯根利二便；叶治初痢，并预防痢疾；种子榨油可供工业用及食用。

图1-1　萝卜

第一节　萝卜主要病害快速鉴别与防治

一、萝卜白斑病

1.症状及快速鉴别

主要为害叶片。

发病初期，叶片散生灰白色、圆形斑。扩大后呈浅灰色、圆形至近圆形，直径2～6毫米，病斑周围有浓绿色晕圈。严重时病斑连结成片，导致叶片枯死。生长后期病斑叶背面长出灰色霉状物（图1-2）。

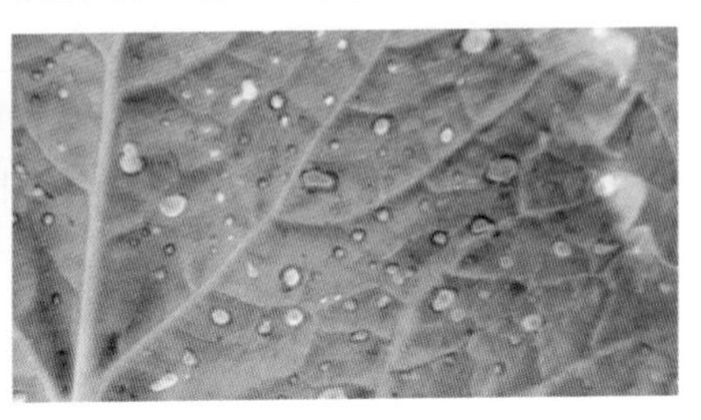

图1–2　萝卜白斑病

2.病原及发病规律

为白斑小尾孢，属半知菌亚门真菌。

病原菌附着病叶在地表或在种子上越冬。只要条件适宜病原菌即可萌发，从气孔侵入形成初侵染。在病斑上产生病原菌，并借雨水飞溅继续传播，进行多次再侵染。

属低温型病害，适宜发病温度为11～23℃，雨后易发病，尤以多雨的秋季发病重。在北方菜区盛发期在8～10月。长江中下游附近菜区春、秋两季均可发生。

3.防治妙招

（1）**农业防治**　实行3年以上的轮作。选用抗病品种。适期播种。注意平整土地减少田间积水。增施充分腐熟的有机肥基肥，避免偏施氮肥，增施磷、钾肥。

（2）**药剂防治**　发病初期及时喷药。常用25%多菌灵可湿性粉剂400～500倍液，或40%多硫悬浮剂800倍液，或50%多霉灵可湿性粉剂800倍液，或65%甲霉灵可湿性粉剂1000倍液，或50%甲基硫菌灵可湿性粉剂500倍液，或50%苯菌灵可湿性粉剂1500倍液等药剂喷雾。每隔约15天防治1次，连续防治2～3次。

二、萝卜黄萎病

也叫萝卜黄叶病。

1. 症状及快速鉴别

从苗期到成熟收获期均可发生，属于病害侵染导管引起的病变，发病部位遍及全株。初期植株一侧下部叶片由绿变为鲜黄色，老叶主脉附近叶脉间变黄，接着下部叶片全部变黄，仅心叶残留绿色，后心叶萎缩导致全株枯死。有时外观上症状不明显，只有病情严重时才出现萎蔫。经过横剖后可见萝卜肉质根四周的维管束变黑（图1-3）。

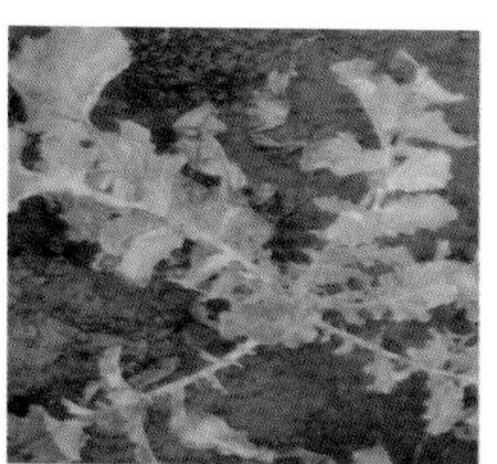

图1–3　萝卜黄萎病

2. 病原及发病规律

为大丽花轮枝孢菌及尖镰孢菌萝卜专化型，属半知菌亚门真菌。

病原菌以厚垣孢子随病残体在土壤中或附着在种子上越冬。夏秋高温季节易发病。17℃以下或35℃以上发病重。

3. 防治妙招

（1）**选用抗病品种**　各地可因地制宜地选用本地抗、耐病性强的优良品种。

（2）**合理轮作**　与葱蒜类蔬菜轮作效果较好。尤其与水稻轮作效果更好，1年即可奏效。

（3）**适时定植**　当10厘米深处地温15℃以上开始定植。最好铺光解地膜，避免用过于冷凉的井水浇灌。选择晴天合理灌溉，注意提高地温。生长期间适宜小水勤浇，保持地面湿润，防止大水漫灌。

（4）**药剂防治**　可用12.5%增效多菌灵可溶剂200～300倍液，或50%苯菌灵可湿性粉剂1000～1500倍液喷淋或浇灌。每隔约10天喷1次，连续防治2～3次。

三、萝卜细菌性角斑病

也叫萝卜细菌性斑点病。

1.症状及快速鉴别

在萝卜的全生育期均可为害。多从下部叶片开始发病，初期在叶片上产生水渍状小点。后变成中央凹陷的近圆形小斑，灰白至灰褐色，半透明膜状。后期病斑汇合成大小不等、形状不规则的半透明坏死斑，边缘墨绿色。湿度高时病斑可产生乳白色菌脓，有腐臭味。空气干燥时病斑易干质脆，易破裂或穿孔。主要为害叶片薄壁组织，叶脉不易受害（图1-4）。

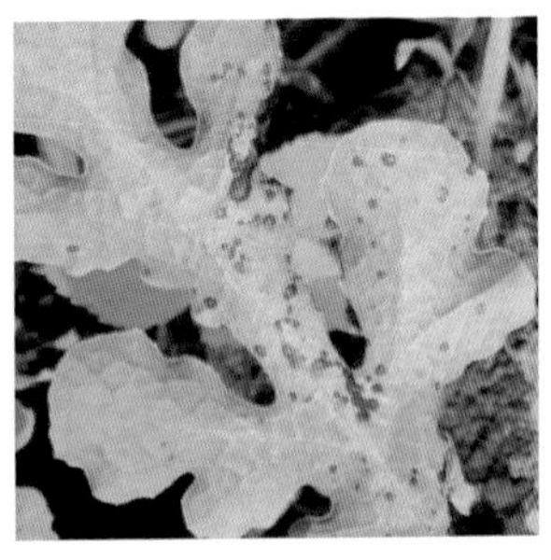

图1-4　萝卜细菌性角斑病

2.病原及发病规律

为丁香假单胞菌丁香致病型，属假单胞杆菌细菌。

病原附着在种子上或随病残体越冬。借风雨传播蔓延为害。阴雨连绵，低洼易涝，田间积水过多，发病重。

3.防治妙招

（1）**农业防治**　发病严重的地块进行2年以上轮作。播种前种子用50℃温水浸种20分钟灭菌消毒。秋播时期不宜过早。提倡垄作或高厢深沟种植。平衡施肥，增强植株抗病力。

（2）**药剂防治**　发病初期可喷14%络氨水剂350倍液，或72%农用硫酸链霉素可溶性粉剂3000倍液，或新植霉素4000～5000倍液等药剂。每隔7～10天喷1次，连续防治2～3次。

四、萝卜细菌性黑斑病

1.症状及快速鉴别

为害萝卜叶片、茎、花梗、荚等部位（图1-5）。

叶片受害，初现水渍状不规则斑点，后变为浅褐至黑褐色、有光泽的病斑。病斑形状不规则，薄纸状。初在外叶上发生多，后延伸到内叶。

采种株茎、枝染病，初生油渍状小斑点，后变成紫黑或近黑色不规则形斑块。

荚染病，产生黑褐色近圆形的病斑。

图1-5　萝卜细菌性黑斑病

2.病原及发病规律

为十字花科蔬菜黑斑病假单胞菌，属细菌。除为害萝卜外，还可为害白菜、甘蓝、花椰菜、芜菁、油菜等十字花科蔬菜。病菌生长发育适温25～27℃，最高32℃，最低8℃，48～49℃经10分钟致死，适宜pH值5.2～9.6。

病菌可在土中、病残体及种子内越冬，在土壤中可存活1年以上。田间主要借灌溉水传播蔓延。病菌喜高温、高湿的环境条件，25～27℃适合病菌的生长发育，阴雨及高湿条件持续时间长，伤口多，管理差，发病重。

3.防治妙招

（1）**合理轮作** 发病严重的地块进行2年以上轮作。

（2）**种子处理** 播种前种子用50℃温水浸种20分钟灭菌消毒。

（3）**适期播种** 秋播时期不宜过早。

（4）**药剂防治** 发病初期可喷14%络氨水剂350倍液，或72%农用硫酸链霉素可溶性粉剂3000倍液，或新植霉素4000～5000倍液等药剂。每隔7～10天喷1次，连续防治2～3次。

五、萝卜褐斑病

1.症状及快速鉴别

主要为害叶片。病斑圆形、近圆形或不规则形，淡褐至褐色，病斑边缘深褐色，直径5～6毫米，有的受叶脉限制。病斑数量多时叶片变黄（图1-6）。

2.病原及发病规律

为立枯丝核菌，属半知菌亚门真菌。

病原菌随病残体在田间土壤中越冬，成为翌年春季主要初侵染菌源。当年病株上产生分生孢子，借风雨传播进行再侵染。温度较高，多雨高湿，叶片重露时发病重。易积水的田块发病重。

3.防治妙招

（1）**合理轮作** 避免与十字花科蔬菜连作。重病地可与豆类、葫

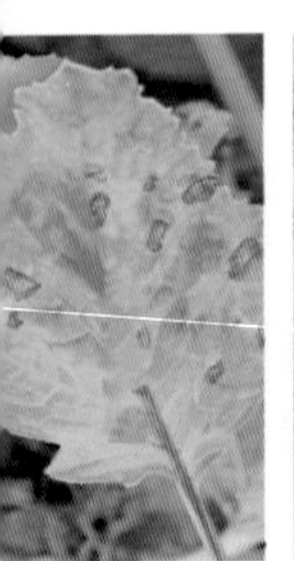
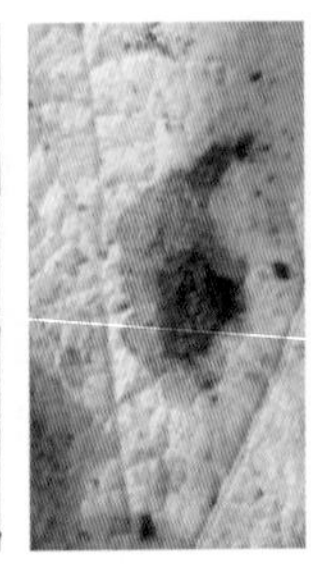

图1-6 萝卜褐斑病

芦科蔬菜、茄科蔬菜等非寄主作物进行2～3年轮作。

（2）**彻底清洁田园** 及时清除病残体，秋后深翻，铲除田间十字花科杂草。

（3）**合理施肥** 增施充分腐熟的农家肥，注意磷、钾肥配合，防止菜株后期脱肥。

（4）**适时晚播，合理密植** 合理灌水，雨后及时排水，降低田间湿度，低洼多雨地区应推行高垄或高畦栽培。

（5）**药剂防治** 发病初期及时喷药。可用75%百菌清可湿性粉剂500～600倍液，或50%扑海因可湿性粉剂1000倍液，或50%腐霉利可湿性粉剂1500倍液，或65%甲霉灵·锰锌可湿性粉剂500倍液，或64%杀毒矾可湿性粉剂500倍液，或80%新万生可湿性粉剂600倍液等药剂喷雾。每隔7～10天防治1次，连续防治3～4次。

六、萝卜霜霉病

1.症状及快速鉴别

苗期至采种期均可发生。病害从植株下部向上扩展，叶面初现不规则褪绿黄斑，后逐渐扩大为多角形黄褐色病斑，大小3～7毫米。湿度大时叶背或叶两面长出白霉，即病原菌繁殖体。严重时病斑连片，导致叶片干枯（图1-7）。

茎部染病后出现黑褐色、不规则形病斑，上面生出白色霉状物。

种荚受害，产生淡褐色不规则病斑，上面生有白色霉状物。

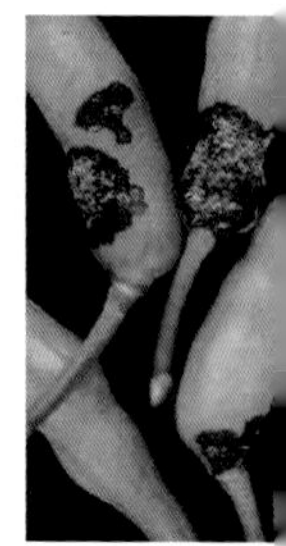

图1-7 萝卜霜霉病

2. 病原及发病规律

为寄生霜霉菌，属鞭毛菌亚门真菌。

病菌主要以卵孢子在病残体或土壤中越冬，翌年卵孢子萌发产生芽管，从幼苗胚芽处侵入。或以菌丝体在采种母根或窖贮萝卜上越冬，翌年菌丝体向上蔓延至第一片真叶，并在幼茎和叶片上产生出孢子囊，形成有限的系统侵染。病菌还可以附着在种子上越冬，播种带菌的种子直接侵染幼苗，引起苗期发病。病菌也可以在菜株病部越冬，越冬后产生孢子囊，孢子囊成熟后脱落，借气流传播，在寄主表面产生出芽管，由气孔或从细胞间隙侵入，经3～5天的潜育又可以再产生孢子囊，进行再侵染。病害借风雨传播蔓延，一般先侵染十字花科蔬菜，再侵染根菜类蔬菜。如此多种侵染源，直到秋末冬初外界环境条件恶劣时才在寄主组织产出卵孢子越冬，并经2～3个月的休眠后又可萌发，成为翌年的初侵染源。

在平均气温约16℃、相对湿度高于70%、有连续5天连阴雨的天气1次或更多次遇到易感病品种或菌源，病害即能迅速扩展蔓延。根据霜霉病发病条件要求，多发生在8月中旬～9月中旬。

3. 防治妙招

（1）**选用抗霜霉病的品种** 选择适宜本地区的相对抗、耐病的优良品种，如鲁萝卜1号、精选三尺白、红丰2号等。

（2）**清园灭菌** 前茬萝卜收获后，清除病叶，及时深翻，减少菌源。

（3）**适时播种** 不宜早播。

（4）**精选种子及种子消毒** 在无病株留种时，或播种前用种子重量0.3%的25%甲霜灵可湿性粉剂进行拌种，可灭菌消毒。

（5）**药剂防治** 发现病株后及时喷药。可喷72%的锰锌·霜脲可湿性粉剂600倍液，或70%锰锌·乙铝可湿性粉剂500倍液，或25%烯肟菌酯乳油1000倍液，或70%丙森锌可湿性粉剂700倍液，或69%锰锌·烯酰（安克·锰锌）可湿性粉剂600倍液，或55%福·烯酰（霜尽）可湿性粉剂700倍液等药剂。每667平方米喷兑好的药液60升，要均匀喷施叶面，不得重喷或漏喷，每隔7～10天喷施1次，连喷2～3次，均有很好的防治效果。

七、萝卜病毒病

也叫萝卜花叶病毒病，属系统侵染。尤其在樱桃萝卜上发病较重，常造成严重的损失，严重影响萝卜的经济价值。除侵染萝卜外，还可系统侵染芜菁（别名大头菜、圆菜头）等十字花科蔬菜。

1.症状及快速鉴别

苗期、成株期及采种株上均可发病，以苗期发病为主。主要为害叶片（图1-8）。

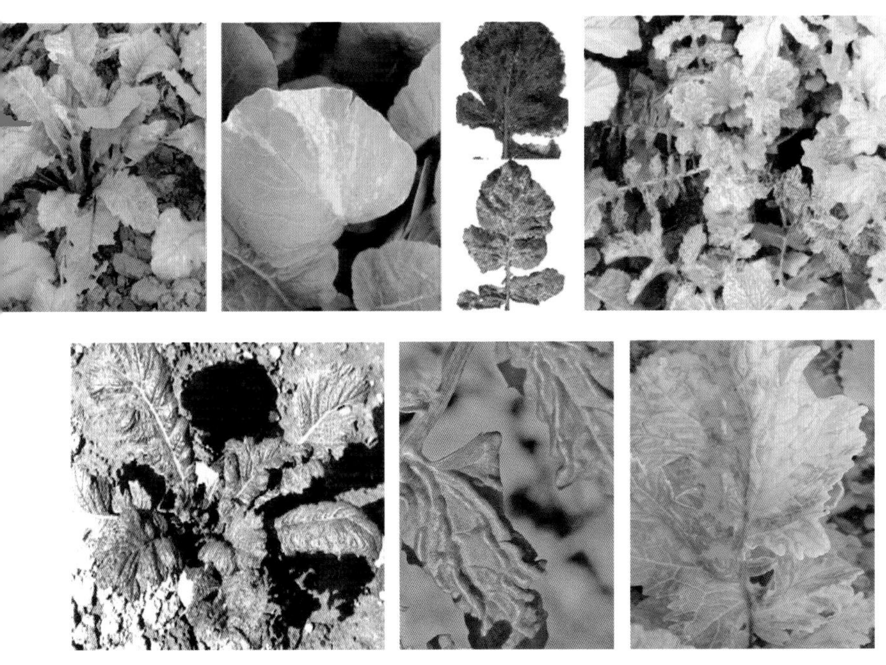

图1–8 萝卜病毒病

幼苗发病，首先心叶发生明脉，然后沿脉失绿，后产生深淡相间的花叶，病叶很快皱缩凹凸不平，心叶扭曲变形，外围的老叶变黄，重者早期死亡。

成株期发病加剧为害，常整株发病。早期叶片叶脉初现明脉，全株叶片出现明显的呈花叶状病斑，叶绿素分布不均匀，深浅相间明显。或呈浓绿与淡绿相间的斑驳，浓绿部分突起，呈疱状皱缩，严重时出现疱疹状叶。有的叶片畸形、扭曲，有的沿叶脉产生耳状突起，重病株矮缩不生长，出现矮化现象。还有的叶片出现许多直径2～4毫米的圆形黑斑。根部发育不良，萝卜生长慢品质差。

采种株受害，叶片出现花叶，花梗、花瓣均出现病状，茎、花梗上产生黑色条斑，有时与叶片混合发生。病株发育迟缓，果荚小，籽粒少，不饱满。

2. 病原及发病规律

主要为芜菁花叶病毒（TuMV）、黄瓜花叶病毒（CMV）、萝卜耳突花叶病毒（REMV）、萝卜花叶病毒（RMV）等。

病毒主要在窖藏蔬菜上越冬，也可在越冬的宿根菠菜等杂草寄主上越冬。病毒可由昆虫介体传播，主要靠蚜虫和黄条跳甲等害虫进行传毒；或通过病毒汁液借风雨或农事操作传毒。春季蚜虫和黄条跳甲将病毒传到春油菜、水萝卜、小白菜等寄主上，经夏甘蓝、花椰菜等再传到秋季萝卜上辗转为害。田间传播主要由蚜虫（萝卜蚜、桃蚜和甘蓝蚜等）作非持久性传毒，传毒快，经5～10天即可导致发病。

高温、干旱是病毒病发生的主要条件。高温干旱刺激蚜虫繁殖、活动及有翅蚜的迁飞，不利于幼苗生长，有利于病毒增殖，加重病害的发生。在适于发病的气候条件下，土温30℃比15℃时发病率高1倍以上。播期早，幼苗适逢高温干旱蚜虫盛发时，发病重。与十字花科连作或邻作，病毒互相传染，发病重。

3. 防治妙招

（1）**根据秋季茬口和市场要求选用抗病品种**　主要以绿皮品种为主，可选用雪玉1号白萝卜、京研秋白、武青1号、豫萝卜1号等抗、耐病毒性强的优良品种。

（2）**加强栽培管理**　实行与大田作物间作套种，尽量避开与十字花科蔬菜的连作和邻作。干旱季节适当推迟播种期，避开高温干旱敏感期。精细整地，播种采取高畦直播。氮、磷、钾配合，平衡施肥。苗期多浇水降低地温。适当晚定苗，干旱期应缩短蹲苗期，促进幼苗健壮，可减轻病害。及时中耕除草，拔除病弱苗。

（3）**提高抗病性**　播种前用新高脂膜拌种，可保温、保湿、吸胀，提高种子发芽率，促使幼苗健壮，驱避地下虫害，隔离病毒感染。在病毒病害发生初期，可用新高脂膜＋植物细胞免疫因子喷施，预防病菌感染，提高植株抗逆性，促进植株正常生长。

（4）**苗期及时防治蚜虫和黄条跳甲等传毒害虫**　对已经在萝卜生长期间发病的田块，注意对黄条跳甲和蚜虫的防治。及时喷施新高脂膜形成一层高分子膜，减少传毒。也可用黄板诱杀，或银色反光膜避蚜。蚜虫严重时治，可用3.2%阿维菌素1500倍液，或20%吡虫啉1500倍溶液，或25%吡蚜酮1000倍液等药剂喷雾防治，减少传毒。

（5）**药剂防病**　发病初期可用20%病毒星可湿性粉剂500倍液，或1.5%植病灵2号乳油1000倍液，或1%香菇多糖水剂80～120毫升/667平方米兑水30～60千克，或盐酸吗啉胍悬浮剂100～150毫升/667平方米兑水30～40千克，或20%吗胍乙酸铜粉剂300～500倍液等药剂喷雾防治。每隔7～10天喷1次，连续防治2～4次，可明显减轻病情的发生和为害。

提示　上述药剂中加入新高脂膜稀释液，防治效果更好。

八、萝卜白锈病

1.症状及快速鉴别

主要为害叶片。发病初期叶片两面出现边缘不明显的淡黄色斑。后病斑出现白色稍隆起大小约1～5毫米的小疱。成熟后表皮破裂散出白色粉状物，即病原菌的孢子囊。病斑多时病叶枯黄（图1-9）。

种株的花梗染病，花轴肿大，歪曲畸形。

2.病原及发病规律

为白锈菌，属鞭毛菌亚门真菌。

以菌丝体及卵孢子在病残体及种株上越冬。在寒冷地区病菌以卵孢子作为初侵染接种体，借助灌溉水传播直接萌发芽管，侵染后导致发病。在温暖地区病菌主要以无性态孢子囊及其萌发产生的游动孢子

图1-9　萝卜白锈病

作为初侵染接种体，借助雨水传播，病菌无明显的越冬期。

病原菌在温度0～25℃时均可萌发，温度10℃最适宜。多在春季和秋季发病。低温年份或雨后发病重。高湿多雨有利于发病。偏施氮肥的植株发病严重。

3. 防治妙招

（1）**合理轮作**　与非十字花科蔬菜进行隔年轮作。

（2）**清园灭菌**　前茬收获后清除田间病残体，减少田间菌源。

（3）**药剂防治**　发病初期开始喷洒25%甲霜灵可湿性粉剂1000倍液，或58%甲霜灵·锰锌可湿性粉剂500倍液等药剂。

九、萝卜黑腐病

也叫黑心病、烂心病，是萝卜常见的病害之一。除为害萝卜外，还可为害白菜类、生菜类等多种十字花科蔬菜。

1. 症状及快速鉴别

主要为害叶片和根。

叶片发病，产生黄色斑，叶缘出现“V”字形病斑。向内发展后叶脉变黑，叶缘变黄，后扩及全叶呈网纹状，逐渐整叶变黄干枯。病斑沿叶脉和维管束向短缩茎和根部发展，最后使全株叶片变黄枯死（图1-10）。

图1–10　萝卜黑腐病为害叶片症状

萝卜肉质根受侵染后，外观往往看不出明显症状，透过日光可看到暗灰色病变。横切萝卜可看到维管束呈黑褐色放射线状。根部染病导管变黑，内部组织干腐，髓部多呈黑色干腐状，后形成空洞。严重时呈干缩空洞，维管束溢出菌脓。田间多与软腐病并发，最终变成腐烂状（图1-11）。

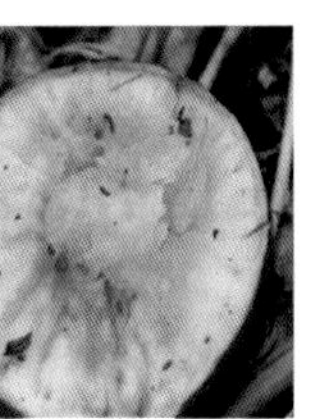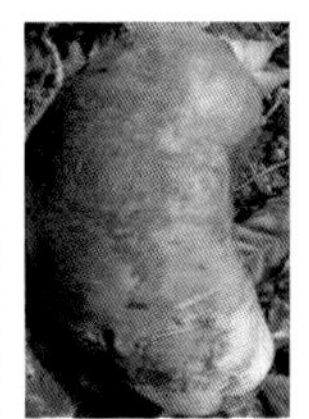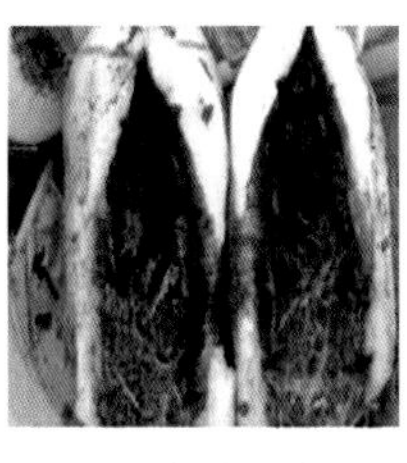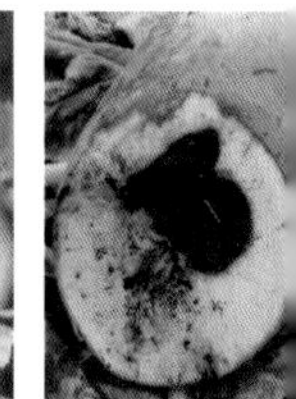

图1–11　萝卜黑腐病为害肉质根

提示　萝卜黑腐病与缺硼引起的生理性变黑不同。缺硼会导致萝卜空心、烂心、黑心，表皮会出现开裂现象。

2.病原及发病规律

为野油菜黄单胞杆菌野油菜黑腐病致病型，属细菌。

病菌适宜生长适温25～30℃。主要在秋季发生。在高温多雨、结露时间长时易发病。与十字花科蔬菜重茬、连作或早播发病重。肥料少或未充分腐熟发病重。地势低洼、灌水过量、排水不良的地块发病重，蚜虫、黄条跳甲为害伤口及人为伤口过多的地块发病较重。

3. 防治妙招

采用预防为主，综合防治的方法。

（1）**轮作倒茬** 避免与其他十字花科蔬菜连作。

（2）**选用抗病品种** 可选用抗、耐病强的丰光一代、桥红一号、石家庄白萝卜等优良品种。

（3）**适时播种** 播种时期不宜过早或过晚。

（4）**种子消毒** 播种前，种子用50℃温水浸种30分钟，或60℃干热灭菌6小时，或用50%的福美双可湿性粉剂按种子重量的0.4%进行拌种，拌后即可播种。

（5）**土壤处理** 播种前，每667平方米穴施40%五氯硝基苯粉剂750克，兑水10升，拌入100千克细土后，撒入穴中。

（6）**加强田间管理** 采用配方施肥。苗期小水勤浇，降低土温。及时间苗、定苗，促使苗生长健壮。

（7）**及早防治黄条跳甲、蚜虫等害虫** 注意黄条跳甲和蚜虫的防治，并及时喷施新高脂膜形成一层高分子膜，以减少传毒。可用黄板诱杀，或银色反光膜避蚜。虫害严重时及时用20%吡虫啉1500倍溶液，或25%吡蚜酮1000倍液等药剂喷雾防治。

（8）**药剂防病** 发病初期，开始喷洒47%的加瑞农可湿性粉剂700～800倍液，或14%的络氨铜水剂300倍液，或72%的农用硫酸链霉素可溶性粉剂3000～4000倍液等药剂。每隔7～10天喷1次，连喷2～4次。

十、萝卜拟黑斑病

1. 症状及快速鉴别

叶片上的病斑为黑褐色、圆形至椭圆形，直径2～5毫米，有同心轮纹。湿度大时病部生有黑灰色霉状物（图1-12）。

2. 病原及发病规律

为芸苔链格孢菌，属半知菌亚门真菌。

病菌主要以菌丝在萝卜病残体及留种母株上或种子表面越

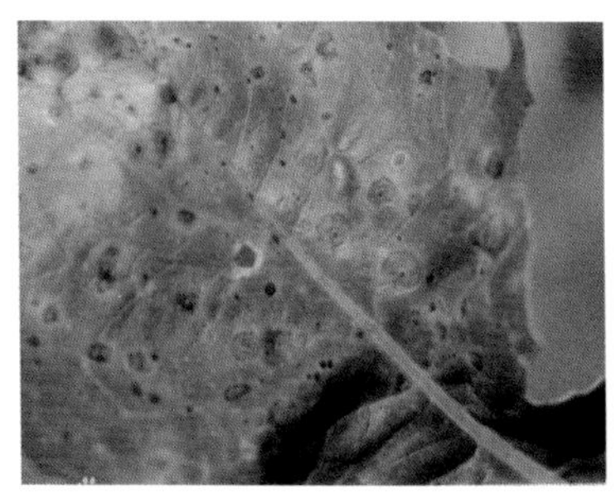 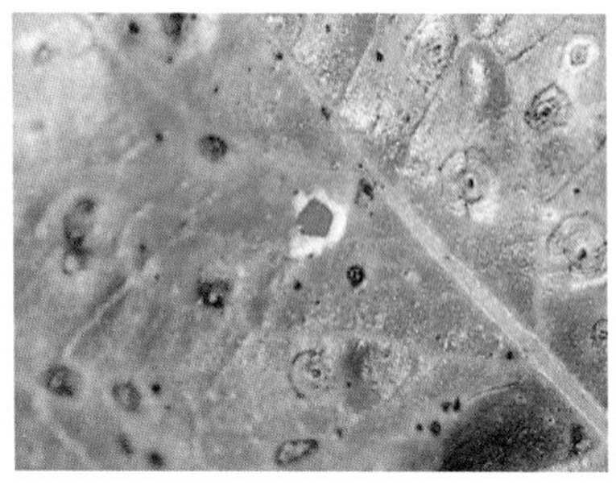

图1-12　萝卜拟黑斑病

冬。病原菌借气流传播，进行初侵染和再侵染。温暖地区病原可在田间辗转为害。天气冷凉、高湿发病重。偏施、过施氮肥会加重病害。

3.防治妙招

（1）**种子消毒**　播种前可用种子重量0.4%的50%扑海因可湿性粉剂，或75%的百菌清可湿性粉剂拌种。

（2）**农业防治**　实行合理轮作。收获后及时翻晒土地，清洁田园。施用充分腐熟的有机肥。加强田间管理，防治病虫害。

（3）**药剂防治**　发病前，可用50%扑海因可湿性粉剂1000倍液，或75%的百菌清可湿性粉剂500～600倍液，或64%杀毒矾可湿性粉剂500倍液，或40%灭菌丹可湿性粉剂400倍液等药剂喷雾。每隔7～10天喷1次，连续3～4次。采收前7天停止用药。

十一、萝卜软腐病

进入雨季后萝卜软腐病发病较为严重。雨季种植萝卜软腐病的病株率和产量损失一般都在6%以上。发病重的田块病株率和产量损失可达20%以上，对农户造成较大的经济损失。肉质根发病后完全失去商品价值和食用价值。

1.症状及快速鉴别

主要为害根、短茎、叶柄及叶片（图1-13）。

   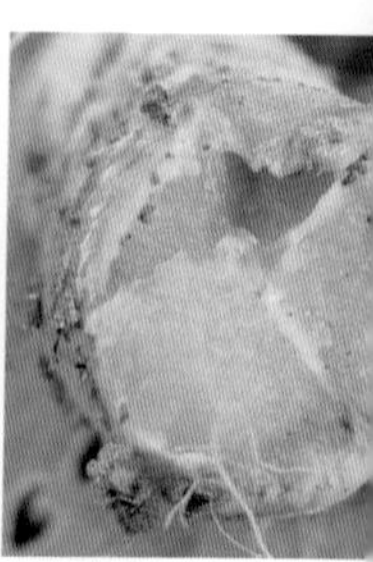

图1-13　萝卜软腐病

根部多从根尖开始发病，出现油渍状的褐色病斑。发展后使根变软腐烂，逐渐向上蔓延使心叶变黑褐色软腐，烂成黏滑的稀泥状。肉质根在贮藏期染病也会使部分或整个根部变成黑褐色软腐。采种株染病常使髓部溃烂变空。

提示　萝卜软腐病植株所有发病部位除出现黏滑烂泥症状外，均发出一股难闻的臭味。

2.病原及发病规律

为胡萝卜软腐欧氏杆菌胡萝卜软腐致病型侵染引起，属细菌。

（1）**长期连作，导致土壤中的病原基数增大**　由于萝卜栽培中连作较多，有的菜农将前茬无商品价值的大量染病萝卜直接捣碎翻入菜田当肥料，导致土壤中软腐病病菌基数逐年增大，造成萝卜软腐病的暴发。这是萝卜软腐病严重发生的重要原因。

（2）**雨水多、土壤湿度大**　雨季栽培萝卜由于雨水多、土壤湿度大，为病原细菌的生长繁殖提供了良好的湿度环境条件。雨点撞击萝卜病部后，小雨点再向外飞溅可直接将软腐病的病原细菌向外传播，这是雨季萝卜软腐病易暴发的主要外部因素。

（3）**裂根和地下害虫为害，加重了软腐病的发生**　裂根现象突出，地下害虫为害较重，是萝卜软腐病多发的又一个重要原因。因为病菌主要通过伤口侵入，裂根和各种地下害虫为害，会在萝卜肉质根表面形成伤口，为病原细菌的侵入创造了有利的条件和机会。萝卜软腐病的病菌也能通过害虫直接进行传播。

3. 防治妙招

（1）农业防治

① 实行轮作　要避免与萝卜、白菜等十字花科蔬菜连作。发病特别严重的田块最好与葱蒜类蔬菜或小麦等作物轮作。

② 及时清除病株及病株残体　萝卜生长期间，及时拔除萝卜软腐病病株、清理病株残体，一起带离菜田外集中深埋或烧毁。同时在病株栽植穴上撒生石灰进行消毒。病株周围可喷药预防。

③ 选用抗病、包衣的种子　如果种子未包衣，可用拌种剂或浸种剂进行灭菌消毒。

④ 排水降湿　采用高畦深沟、瓦形畦面、地膜覆盖栽培，保证降雨时及时排除畦面的雨水，降低土壤湿度。

⑤ 合理灌水　萝卜裂根的主要原因是水分供应不均匀，后期土壤湿度过大，应注意合理灌水，保持水分的均衡供应，避免久干久湿导致裂根。

⑥ 土壤物理消毒　种植前提前进行整地、覆膜，利用晴天膜内自然产生的高温杀灭土壤中的病菌。

⑦ 施用充分腐熟的有机肥　地下害虫多数对未充分腐熟的有机肥有趋性。施用未充分腐熟的有机肥会加重地下害虫的为害。避免施用未充分腐熟的有机肥，应将有机肥作堆制发酵处理，待有机肥完全腐熟后才可以施用到菜田。

（2）药剂防治

① 施用杀虫剂防治害虫　防治各种地下害虫，每667平方米用10%二嗪磷颗粒剂400～500克拌细土25千克，在播种前施入播种穴内。

② 施用杀菌剂防治病害　在发病初期可用72%的农用硫酸链霉素可溶性粉剂3000～4000倍液喷雾。每隔7～10天喷1次，连续防治2～3次，可防止萝卜肉质根出土部分发病。

十二、萝卜褐腐病

是樱桃萝卜、象牙白萝卜生产上的重要病害，保护地及露地均可发生和为害。严重的病株率可达30%～40%，严重影响萝卜的产量和质量。

1. 症状及快速鉴别

在萝卜全生育期均可发生，可为害各个部位（图1-14）。

 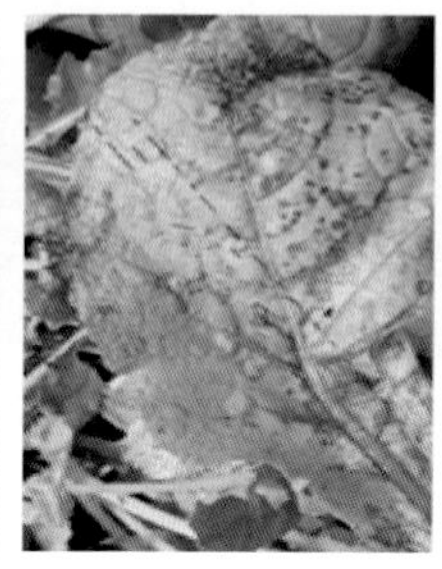  

图1-14 萝卜褐腐病

苗期发病，多从根颈部侵入，初形成水渍状坏死小斑，后病部灰白或灰褐色缢缩，导致萝卜幼苗由下向上萎蔫死亡。

生长中期染病，多从下部叶片的叶柄或叶缘开始侵染，初形成浅绿色、水渍状坏死小斑，逐渐扩展成灰褐或暗褐色、边缘色浅、近圆形或半圆形坏死斑。后沿病部向外扩展，导致叶片、叶柄全部腐烂。且在病组织表面产生灰褐色菌丝，即病原菌的菌丝体。

生长后期根茎染病，初现水渍状黄褐色小斑，后扩展成不规则的坏死斑，边缘黄褐色，中央暗褐色，病部组织进一步扩展，迅速溃烂或开裂。严重时造成根茎成片腐烂。

2. 病原及发病规律

为立枯丝核菌，属半知菌亚门真菌。

病菌以菌丝体在土中越冬，可在土中腐生2～3年。菌丝能直接侵入寄主，通过水流、农具等，进行传播。种植过密，间苗不及时，温度过高，易发病。

3. 防治妙招

（1）**种子消毒** 播种前可用种子重量3%的75%百菌清可湿性粉剂拌种。

（2）**农业防治** 适期播种，播种深浅适宜，覆土不宜过厚。施用充分腐熟的有机肥，选用无病土育苗。

（3）**药剂防治** 发病初期可用20%甲基立枯磷乳油1200倍液，或5%井冈霉素1500倍液，或15%恶毒灵水剂450倍液，或72.2%普力克水剂800倍液＋50%福美双可湿性粉剂800倍液喷淋，用量为3升/平方米。

十三、萝卜炭疽病

1.症状及快速鉴别

主要为害叶柄，有时也可为害花梗和种荚（图1-15）。

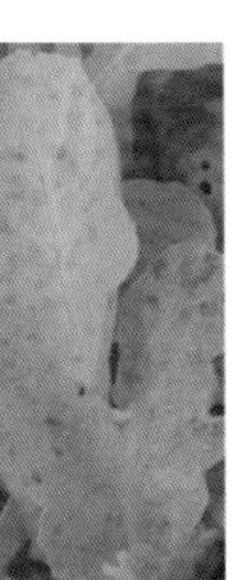

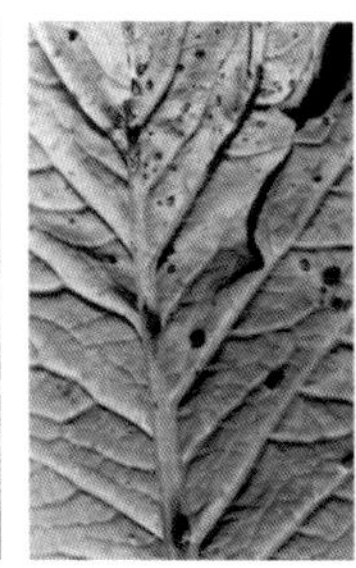

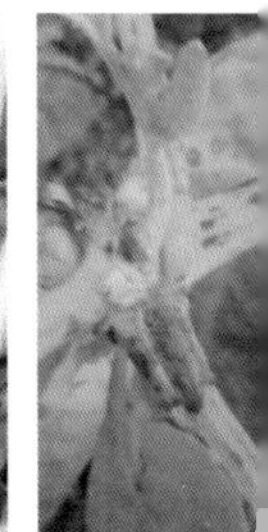

图1-15 萝卜炭疽病

病害通常从基部叶片开始发生，初为灰白色、水渍状小点，后扩大为灰褐色病斑。病斑中部近圆形稍凹陷，边缘灰褐色稍突起，最后病斑中央呈灰白色半透明，易穿孔。叶脉上的病斑多发生在叶背面，病斑褐色、纺锤形条状、凹陷较深。

叶柄与花梗上的病斑长圆形至纺锤形或梭形，凹陷较深，中间灰白色，边缘灰褐色。湿度大时病部产生淡红色黏质物。发病严重时一张叶片上病斑可达上百个，病斑相互融合，形成大块不规则病斑，导致叶片变黄早枯。

2.病原及发病规律

为芸薹炭疽菌，属半知菌亚门属真菌。菌丝无色透明，具隔膜。分生孢子盘小，散生，大部分埋于寄主表皮下，黑褐色，有刚毛。分生孢子梗顶端窄，基部较宽，呈倒钻状，无色，单胞。分生孢子长椭圆形，两端钝圆，无色，单胞。

病菌在13～38℃均可生长发育，最适宜温度26～30℃。碱性条件有利于产生孢子，酸性条件有利于孢子萌发。光照可刺激菌丝的生长。

以菌丝随病残体遗落土中或附在种子上越冬。翌年分生孢子长出芽管进行侵染，借风或雨水飞溅传播。潜育期3～5天病部产出分生孢子，进行再侵染。每年发生期主要受温度影响，发病程度主要受适温期降雨量及降雨次数多少的影响，属高温、高湿型病害。气温高、降雨多，导致病害的流行。

（1）种植密度大、通风透光不良发病重，地下害虫、线虫多易发病。

（2）土壤黏重、偏酸，多年重茬，田间病残体多，氮肥施用过多，生长过嫩，发病重。肥力不足、耕作粗放，杂草丛生的田块，植株抗性降低，发病重。

（3）肥料未充分腐熟，有机肥带菌，或肥料中混有本科作物病残体，易发病。

（4）地下害虫为害多，造成各种伤口，病菌从伤口侵入，易发病。

（5）地势低洼积水、排水不良、土壤潮湿，易发病。秋季高温、高湿、多雨、多雾、重露，易发病。开花结荚期气候温暖多湿，或长期连阴雨，发病重。

3. 防治妙招

（1）**清园灭菌**　播种前或收获后清除田间及四周杂草及农作物病残体，集中烧毁或沤肥。深翻菜地灭茬，促使病残体分解，减少病虫源。

（2）**合理轮作**　与非本科作物轮作，最好采用水旱轮作。

（3）**选用抗病品种，选用无病、包衣的种子**　如果未包衣，种子须用拌种剂或浸种剂进行灭菌消毒。播种前种子用50℃温水浸种5分钟，或用80%抗菌剂402水剂5000倍液浸种24小时后捞出晾干，即可播种。或用种子重量0.4%的50%多菌灵可湿性粉剂拌种，可减轻该病的发生。

（4）**培育壮苗**　播种后用药土覆盖。适时早播，早间苗、早培土、早施肥。及时中耕培土，培育壮苗。易发病地区在幼苗封行前，喷施1次除虫灭菌剂，这是防病的关键。

（5）**水分管理** 选用排灌方便的田块，开好排水沟，降低地下水位，达到雨停无积水。大雨过后及时清理沟系，防止湿气滞留，降低田间湿度。高温干旱时应科学灌水，保证田间适宜湿度，减轻蚜虫为害与传播。

注意 严禁连续灌水和大水漫灌。

（6）**土壤消毒** 土壤病菌多或地下害虫严重的田块，在播种前撒施或沟施灭菌杀虫的药土，可用辛硫磷等，用药量1～1.5千克/667平方米。

（7）**采用测土配方施肥** 施用酵素菌沤制的堆肥或充分腐熟的有机肥，不用带菌的肥料，施用的有机肥不得含有本作物的植物病残体。适当增施磷、钾肥，加强田间管理，增强植株抗病力，有利于减轻病害。

（8）**及时防治害虫** 减少植株伤口，减少病菌传播途径。

（9）**清园灭菌** 生长期发病时及时清除病叶、病株，并带出田外集中深埋或烧毁，病穴施药或生石灰。

（10）**生物防治** 发病初期可喷洒2亿活芽孢/毫升假单胞杆菌水剂（叶扶力）500～800倍液，或2%农抗120（抗菌霉素120）水剂100～200倍液，或3%中生菌素可湿性粉剂1000倍液，或25%阿米西达悬浮剂1500倍液等药剂，均有良好的防治效果。

（11）**化学药剂防治** 发病初期可喷施40%多·硫悬浮剂700～800倍液，或70%甲基硫菌灵可湿性粉剂500～600倍液，或25%炭特灵可湿性粉剂500倍液，或30%绿叶丹可湿性粉剂600倍液，或80%炭疽福美可湿性粉剂800倍液，或70%甲基硫菌灵可湿性粉剂1000倍液＋75%百菌清可湿性粉剂1000倍液等药剂。每隔7～10天喷1次，连续防治2～3次。

十四、萝卜猝倒病

1.症状及快速鉴别

主要为害萝卜幼苗。幼苗下胚轴发病，呈浅褐色水浸状，很快湿腐缢缩，幼苗尚未凋萎即已猝倒，不久后整个幼苗枯萎死亡。发病初期可见发病中心，低温、湿度大的不良环境条件下迅速扩展，可出现大面积成片的死苗（图1-16）。

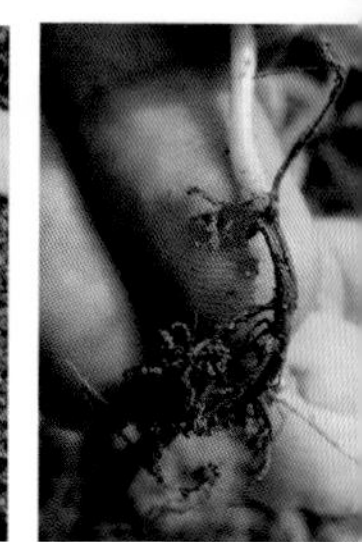

图1–16　萝卜猝倒病

2.病原及发病规律

为瓜果腐霉菌，属鞭毛菌亚门真菌。

病菌以卵孢子在表土层越冬，可营腐生生活，并在土中长期存活。翌年遇到适宜的环境条件卵孢子萌发产生孢子囊，以游动孢子或直接长出芽管侵入寄主。此外在土中营腐生生活的菌丝也可产生孢子囊，以游动孢子侵染幼苗引起猝倒。田间的再侵染主要靠病苗上产生孢子囊及游动孢子，借助灌溉水或雨水溅附到贴近地面的根茎上，引起更严重的发病。病菌生长适宜地温15～16℃，温度高于30℃即可受到抑制，最适发病地温10℃。低温不利于寄主生长，但病菌尚能活动。所以，在苗期出现低温、高湿条件更有利于发病。

3.防治妙招

（1）**菜地选择**　选择地势高、地下水位低、排水良好、水源方便、避风向阳的地块种植。

（2）**加强管理**　避免低温、高湿条件出现。不要在阴雨天浇水，要设法消除棚膜滴水现象。肥料一定要充分腐熟并施匀。播种均匀不能过密，盖土不宜太厚。根据土壤湿度和天气情况，需洒水时每次不宜过多，且在上午进行。土表湿度大时撒干细土降湿。苗期喷施500～1000倍磷酸二氢钾，或1000～2000倍氯化钙等，可提高抗病能力。

（3）**药剂防治** 猝倒病多发区浇足底水，每667平方米用38%恶霜嘧铜菌酯25～50毫升喷洒，然后筛撒薄薄一层干土，将催好芽的种子撒播上，再筛撒细土进行覆盖。

发病前或发病初期可用72.2%普力克水剂400倍液喷淋，每平方米喷淋药液2～3千克。

发病时及时清除病株及邻近病土。可用75%百菌清可湿性粉剂600倍液，或70%代森锰锌可湿性粉剂500倍液，或58%甲霜灵·锰锌可湿性粉剂500倍液，或38%恶霜嘧铜菌酯水剂800倍液，或72%霜脲·锰锌可湿性粉剂600倍液，或69%烯酰吗琳·锰锌可湿性粉剂或水分散粒剂800倍液等药剂喷雾。间隔7～10天喷1次，一般防治1～2次。

提示 为减少土壤湿度，宜在上午进行喷药防治。

十五、萝卜黑根病

萝卜染病后会丧失食用价值和商品价值。

1.症状及快速鉴别

主要为害萝卜根系。发病初期，侧根生长处会产生水渍状病斑。病斑扩大后病部表皮呈紫色至黑褐色，似辐射条纹状大斑，病、健部分界不明显，导致肉质根病部开裂，稍缢缩。并呈辐射状向内部扩展，侵染肉质根内部组织，使内部组织变硬，无食用价值（图1-17）。

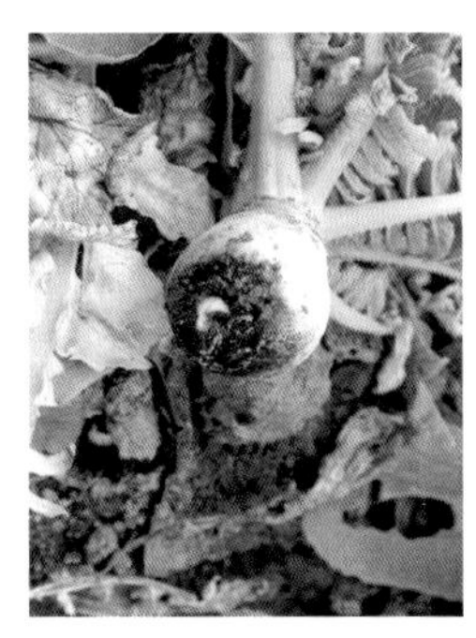

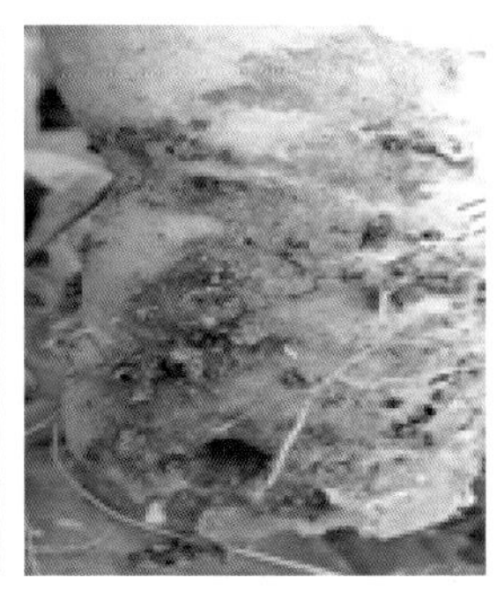

图1-17 萝卜黑根病

2. 病原及发病规律

为萝卜丝囊霉菌，属鞭毛菌亚门真菌。

病菌可在土中营腐生生活。春季土壤中的水分充足时，病菌穿透幼苗子叶下胚轴或根部外皮层侵入，潜育一段时间后即可发病。

病菌喜温暖、潮湿的环境，适宜发病的温度为10～30℃，最适发病的土温约为20℃。在秋季多雨的年份发病较重。土壤温度低出苗缓慢，有利于病菌侵入，易发病。排水不良，土壤黏重及反季节栽培，发病重。

3. 防治妙招

（1）**农业防治**　选择地势高、地下水位低、排水良好的地块种植。播种前灌足底水。出苗后尽量不浇水。

（2）**药剂防治**　发病初期可喷20%甲基立枯磷乳油1200倍液，或72%克露可湿性粉剂1000倍液，或72.2%普力克水剂400倍液，或15%恶毒灵水剂450倍液等药剂。间隔7～10天喷1次，一般防治2～3次。

十六、萝卜根肿病

1. 症状及快速鉴别

发病初期，地上部分能保持正常生长，看不出明显的异常症状。病害扩展后随着病害的加重，根部形成肿瘤，并逐渐膨大，导致地上部生长变缓、矮小，或叶片中午萎蔫。持续一段时间后植株变黄枯萎死亡。肿瘤形状不定，主要生在侧根上。主根不变形，但体形较小（图1-18）。

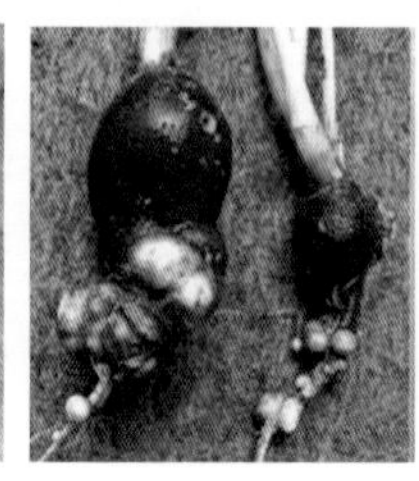

图1–18　萝卜根肿病

2.病原及发病规律

为芸薹根肿菌，属鞭毛菌亚门真菌。

病菌能在土中存活5～6年。由土壤、肥料、农具或种子传播。在适宜的条件下经过18小时，病菌即可完成侵入。

土壤偏酸，pH值5.4～6.5时易发病。土壤含水量70%～90%，气温19～25℃，有利于发病。9℃以下，或30℃以上，很少发病。低洼积水、干旱菜地，发病较重。

3.防治妙招

（1）**严格检疫** 目前根肿病虽有极少发病，但我国大部分地区尚未发现。因此，要严格检疫，防止人为进行传播。

（2）**合理轮作** 由于病菌能在土中存活5～6年，因此应实行6年以上的轮作。

（3）**改良土壤** 调整土壤酸碱度。整地时，酸性土壤可施入石灰100～150千克/667平方米，使其调适到微碱性。或在播种时用3%～5%的石灰水，在点种的同时浇灌，将土壤调到微碱性。

（4）**地块选择** 选择无病地或发病轻的地块种植萝卜。间苗时发现病苗及时拔除淘汰。

（5）**加强田间管理** 低洼地及时排除积水。施用生物有机复合肥或充分腐熟的有机肥。

（6）**药剂防治** 播种时可用种子量的0.3%的40%五氯硝基苯粉剂拌种。发病初期可用75%的百菌清800倍液，在点种时兑水浇灌。必要时也可用40%五氯硝基苯悬浮剂500倍液灌淋根部。每株灌淋兑好的药液0.4～0.5升，防治效果显著。

十七、萝卜缺硼元素失调症

硼元素在萝卜生长过程中的主要作用：一是促进氮、磷、钾的吸收；二是促进维管束（萝卜心）的发育，增强细胞活力；三是提高对钙元素的吸收利用（缺钙易空心）。

1. 症状及快速鉴别

萝卜在生长的过程中，如果缺少硼元素或天气特别干旱，引起吸收不良。萝卜植株外表看起来正常，但根内的形成层和木质部组织呈灰白色或褐色。严重缺硼时，植株矮化，顶端生长点死亡，叶片少而小呈畸形。根扭曲、不发达，中心的肉质部呈水渍状，甚至髓部腐烂或空心。肉质根表面粗糙，产生黑皮，内心变黄发黑（图1-19）。

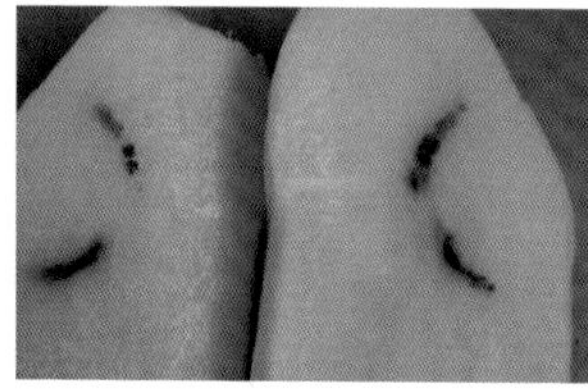
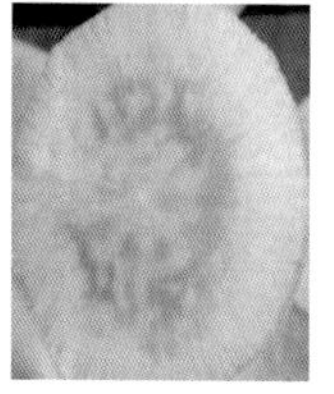

图1-19　萝卜缺硼元素失调症

2. 病因及发病规律

由植株缺硼引起的生理性病害。

土壤酸化，硼被大量淋失，或施用过量石灰，易引起硼缺乏。土壤干旱，有机肥施用少，容易导致缺硼。钾肥施用过量，可抑制对硼的吸收。在高温条件下植株生长加快，因硼在植株体内移动性较差，往往不能及时、充分地分配到急需的部位，也会造成植株局部缺硼。

3. 防治妙招

（1）**增施充分腐熟的优质有机肥**　有机肥硼的含量高，还可以改良土壤结构，提高土壤保水保肥能力，减轻旱害，增进根系的扩展，促进硼的吸收。一般每667平方米施用优质充分腐熟的有机肥4000～5000千克。

（2）**底施硼肥**　每667平方米菜园每年施用硼砂0.5～1千克，或专用硼肥200克，也可与有机肥及氮肥、钾肥均匀混合施用。

提示　硼肥不能与过磷酸钙混合施用，否则硼肥会失效。

（3）**叶面喷施**　生长期发生缺硼症，可配成0.1%的速效硼溶液，进行根际浇施。或叶面喷施0.1%的速效硼，也可混入农药一起混合喷布。每隔5～7天喷1次，连续喷2～3次。

（4）**防止旱害的发生**　在干旱季节要适时浇水，预防土壤干裂。

提示　硼含量不足的劣质硼肥起不到补硼作用，优质硼肥才能真正起到补充硼的目的。必须选择正规厂家生产的合格的硼肥产品。

十八、萝卜裂纹

也叫萝卜肉质根开裂，俗称萝卜裂根。

1.症状及快速鉴别

萝卜肉质根纵向、横裂或在根头处呈放射状开裂（图1-20）。

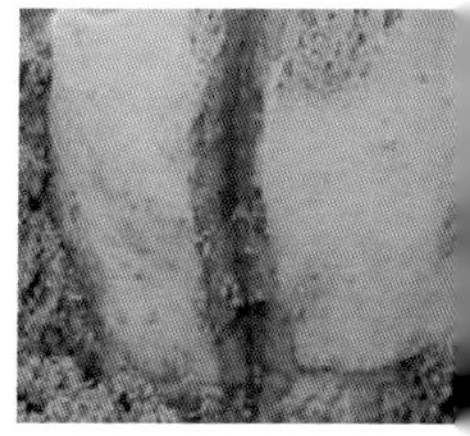

图1-20　萝卜裂纹

多在萝卜生长中后期发生。一般多沿肉质根纵向开裂，裂口较深，长度不一。严重时裂口由根头部开始，纵贯全根。也有的在靠近叶柄处横裂，或在根头处放射状开裂。开裂的肉质根易发生软腐病，不耐贮藏。

2.病因及发病规律

主要原因是水分供应不均匀，由于水分供应失调引起的生理性病害。

萝卜肉质根最外部为皮层，向内依次为韧皮部、形成层和木质部。木质部特别发达，占肉质根的绝大部分，由大量的薄壁细胞构成。在萝卜生长前期如果出现高温干旱，土壤水分供应不足，可使肉质根的皮层组织老化。中后期如果温度适宜、水分供应充足，肉质根木质部薄壁细胞就会再度膨大，但因周皮细胞不能相应地生长，便造成了肉质根开裂。

3.防治妙招

（1）**均衡供水**　改进灌溉技术，均衡供水，避免水分不均，大起大落。

（2）**科学用水**　尤其是在肉质根膨大阶段，使土壤保持一定的湿度，不要过干或过湿。

十九、萝卜糠心

也叫萝卜空心。一旦发病不仅肉质根的重量减轻，淀粉、糖分、维生素含量减少，而且使萝卜内部组织绵软，风味变淡，食用价值及品质降低。同时耐贮性也受到很大的影响。

1.症状及快速鉴别

萝卜组织衰老，形成海绵状。皮色发暗，表面凹凸，用手指弹动可发出声响。重量减轻。如果土壤水分不足，萝卜品质粗糙，易发生味辣、糠心等不良现象（图1-21）。

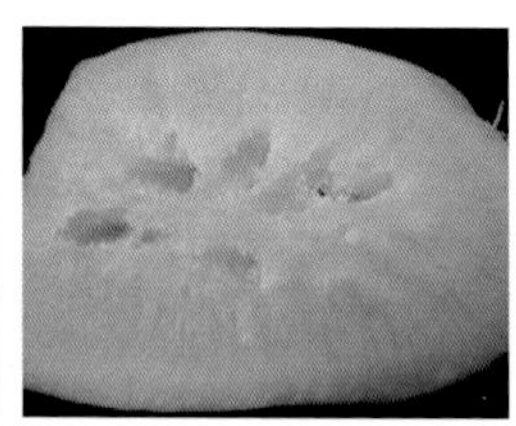

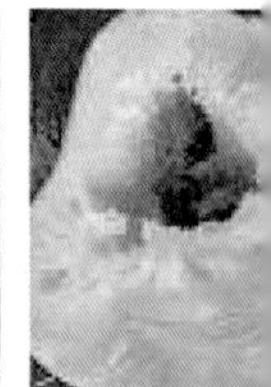

图1-21　萝卜糠心

2.病因及发病规律

萝卜属于半耐寒性蔬菜。生长期温度范围为5～25℃，地上部生长的最适温度为15～20℃，地下部生长的最适温度为13～18℃。在6℃以下生长缓慢，并易完成春化过程，造成未熟抽薹。萝卜的根系入土层较浅，耐旱能力弱，土壤含水量以70%～80%为宜。

萝卜生长一般要求中等光照强度，在长日照条件下容易引起抽薹。日平均温度10～12℃的冷凉气候有利于肉质根的膨大生长。在肉质根生长盛期需要水分最多，水分供应不足易发生糠心。施肥应以基肥为主、追肥为辅。实践证明，施肥不足不易产生糠心，但生长缓慢。如果施用氮 、磷、钾肥过多时，导致肉质根膨大过快，易造成糠心。

（1）**品种与播期**　萝卜的糠心与品种间的差异很大，肉质致密的小型萝卜，肉质根生长较慢，叶片与根生长平稳，如笕桥红、迟花等品种不易糠心。肉质疏松的大型萝卜的肉质根膨大生长过快，根的生长大于叶的生长，如浙江大萝卜品种很容易糠心。

播种过早，萝卜在高温干旱的条件下生长，尤其是夜晚温度高，生长停滞，消耗大量的营养物质，容易糠心。适期播种使萝卜在日温较高、夜温较低、昼夜温差较大的环境下生长，不易糠心。

（2）**稀植与施肥**　萝卜在土质较肥沃及株、行距较宽的条件下，肉质根生长过快，叶与根的生长失去平衡，使地上部制造的有机营养不足以供给地下部肉质根膨大生长的需要，容易出现糠心。

施肥不合理，特别是后期施肥过迟，用量过多，加之肥料品种搭配不当，不能平衡，氮肥施得过多，萝卜地上部生长过于旺盛，块根肥大过快，易引起糠心。

（3）**土壤水分**　土壤水分是影响萝卜糠心的重要因素之一，尤其在肉质根形成期土壤缺水，生长受阻，很容易糠心。如果前期土壤潮湿，后期土壤干燥，不利于营养物质的积累与运转，根部组织失水，也容易发生糠心。

（4）**采收与贮藏**　春、夏类型萝卜品种在采收偏晚，或发生先期抽薹后容易糠心。

冬贮萝卜窖温过高，湿度偏低，因呼吸消耗较快和水分迅速散失易发生糠心。窖温过低，肉质根受冻后也容易发生糠心。

3.防治妙招

（1）**精选优良品种**　应选择不易糠心的肉质细密的小果型品种。如青萝卜、鲁萝卜1号、鲁萝卜3号，北京心里美，春萝卜1号等。

（2）**精细管理** 适时播种，合理密植。在栽培过程中加强肥水管理，精培细管，保证植株合理健壮生长发育。防止先期抽薹，避免萝卜在营养生长期间通过春化和光照阶段。

（3）**科学施肥** 采取以基肥为主、追肥为辅的原则，注重氮、磷、钾三要素的合理平衡搭配。生长期短的品种以基肥为主。生长期长的品种要分期早追肥，掌握“真叶期轻追肥，肉质根膨大期重追肥”；前期普施，后期穴施；以满足萝卜各个生长期对营养素的需要，有利于地上部与地下部的生长平衡，达到萝卜肥大又不糠心的栽培目的。

（4）**控制湿度** 在追肥的同时控制土壤湿度，防止过干过湿。采用“天旱浇透，阴天浇匀”的方法，土壤湿度保持在相对含水量为70%～80%。萝卜生长后期，天旱时应适当浇水，浇水宜选在傍晚时进行，以降低土温，有利于叶片中的营养物质向根部运转，促进肉质根的膨大生长，防止糠心。

（5）**喷施萘乙酸** 采用化学方法控制萝卜稳定生长。一般在采收前半个月喷洒50毫克/千克萘乙酸溶液2次，每次间隔10～15天，既不影响肉质根的生长又能防止糠心，延迟成熟。

提示 如果喷洒50毫克/千克萘乙酸+5%蔗糖+5毫克/千克硼酸液，三者混合喷洒，防止萝卜糠心效果更好。

（6）**适期采收，合理贮藏** 冬贮萝卜窖温要适宜，防止过高或过低。

二十、水萝卜肉质根分叉

1.症状及快速鉴别

正常的水萝卜肉质根应为1个主根，有的长成2个根、3个根或更多的分叉根，影响萝卜的商品价值（图1-22）。

2.病因及发病规律

萝卜根分叉的直接原因是主根生长受到抑制造成的，主要有以下几种。

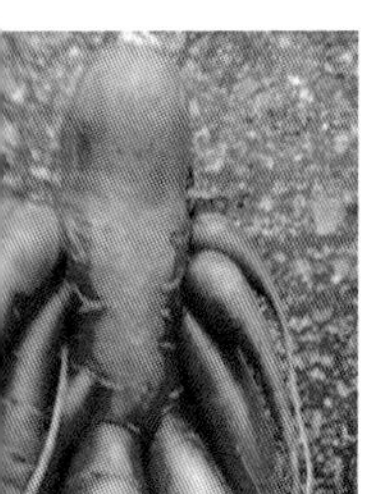  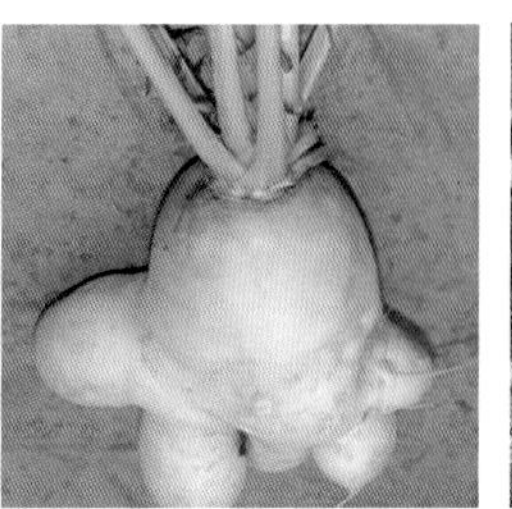 

图1-22　水萝卜肉质根分叉

（1）**种子不良**　生活力弱的陈旧水萝卜种子发芽不良，生长势弱，常影响到幼根先端生长点的生长和伸长，易引起分叉。

（2）**耕作层太浅**　土壤板结或土质过于黏重；有时遇有石块妨碍肉质根的正常生长和膨大，造成侧根开始膨大，也会出现分叉。

（3）**施肥不当**　施用未充分腐熟的粪肥；或追施化肥时靠近根系过近或过于集中，烧坏肉质根根尖。

（4）**锄地伤根**　在锄地中耕除草等田间管理中无意损伤了根尖，造成主根不能继续伸长。根膨大后形成了分叉。

（5）**地下害虫伤根**　地下害虫咬伤了肉质根也会引起侧根膨大，出现分叉。

3.防治妙招

（1）**选择优良品种**　选用分叉少、生命力强的水萝卜品种。

（2）**加强管理**　选择疏松的沙质壤土；施用充分腐熟的有机肥；加深耕作层；翻地时注意捡除石块；保持土壤湿润，防止过于干旱，或忽干忽湿。

（3）**消除害虫为害**　发现地下害虫及时防治。

二十一、萝卜根结线虫病

1.症状及快速鉴别

发病轻时，地上部初期无明显症状，后受害植株表现生长不良，矮小衰弱，叶片不舒展，叶小黄化萎蔫，似缺肥缺水或枯萎病症状。

发病重时拔起植株，可见肉质根变小、畸形，上面有许多葫芦状根结（图1-23）。

图1–23　萝卜根结线虫病

根部发病后，直根上散生许多膨大为半圆形的瘤，瘤初为白色，后变褐色，多产生在近地面5厘米处，直根呈叉状分支。侧根上多产生结节状、不规则的圆形虫瘿。

根结线虫病和根肿病区别：根肿病只为害十字花科蔬菜，其他蔬菜不为害；根结线虫除为害十字花科蔬菜外，还为害其他多种蔬菜。根肿病是根组织膨大成结肠状；根结线虫病是在细根上形成小瘤。此外也可根据解剖根部的肿瘤或根结进行区别，在肿瘤内是否有乳白色洋梨状根结线虫的雌性成虫，是最准确的诊确手段；根肿病的肿瘤内没有害虫。

2.病原及发病规律

由萝卜根结线虫引起。

北方根结线虫，分布在7月份平均温度26.7℃的等温线以北。幼虫的平均长度为0.43毫米，近圆形。

南方根结线虫，雌雄异型。幼虫呈长蠕虫状。雄成虫线状，无色透明。雌成虫梨形，每头可产卵300～800粒，多埋藏于寄主组织内，乳白色。

花生根结线虫体长0.47毫米，比南方根结线虫长0.1毫米。

根结线虫多以卵或2龄幼虫随病残体遗留在5～30厘米土层中生存1～3年，以幼虫在土中或以幼虫及雌成虫在寄主体内越冬。病土、病苗及灌溉水是主要的传播途径。翌年春季条件适宜时越冬卵孵化为幼虫。继续发育后侵入根部刺激根部细胞增生，产生新的根结或肿瘤。田间发病的初始虫源主要是病土或病苗。

在棚室中单一种植萝卜几年后，会引起植株抗性衰退，根结线虫得到积累。土壤中的湿度等条件适合蔬菜生长的同时，也很适合根结线虫的活动，雨季有利于线虫的孵化和侵染，但在干燥或过湿的土壤中害虫活动会受到抑制。沙性土壤为害重。pH值为4～8的土壤环境有利于发病。

3. 防治妙招

（1）**合理轮作**　在根结线虫发生严重的田块实行与其他作物2～5年的轮作，可收到理想的防治效果。芹菜、黄瓜、番茄是高感病蔬菜类，大葱、韭菜、辣椒是抗、耐病强的蔬菜类。严重的病田种植抗、耐病强的蔬菜可减少损失，能降低土壤中的线虫量，避免或减轻下茬作物的受害。

（2）**清园深翻**　彻底处理病田的病残体，集中烧毁或深埋。根结线虫多分布在3～9厘米深的表土层中，土壤深翻50厘米可减轻为害。

（3）**水淹法**　有条件的地区，对地表10厘米或更深土层淤灌几个月，可在多种蔬菜上起到防止根结线虫侵染、繁殖和增长的作用，根结线虫虽然未死亡，但不能再进行侵染。

（4）**土壤处理**　在整地时，可用5%丁硫克百威颗粒剂5～7千克/667平方米，或35%威百水剂4～6千克/667平方米，或10%噻唑磷颗粒剂2～5千克/667平方米，或98%棉隆微粒剂3～5千克/667平方米，或3.2%阿维·辛硫磷颗粒剂4～6千克/667平方米，或5%硫线磷颗粒剂2～3千克/667平方米，或5亿活孢子龟淡紫拟青霉颗粒剂3～5千克/667平方米，或用10%益舒丰颗粒剂，或3%米乐尔颗粒剂等药剂进行土壤消毒。

提示　土壤消毒以开沟条施为宜，不能使萝卜种子或根系直接接触药物。

（5）**加强田间管理**　覆盖地膜，合理施肥或灌水，可增强寄主抵抗力。

（6）**药剂防治**　在生长过程中发现中心病株，及时用50%辛硫磷乳油500倍液，或80%敌敌畏乳油1000倍液，或90%晶体敌百虫800倍液，或40%灭线磷乳油1000倍液，或1.8%阿维菌素乳油1000倍液等药剂进行灌根，每株灌250～500克。视病情为害程度，每隔7～10天用药1次，一般灌1～2次即能有效地控制根结线虫病的发生及为害。

二十二、萝卜日灼症

1.症状及快速鉴别

多发生在秋季雨后暴晴根系较弱的植株上。发病后叶缘急性失水干缩，干枯死亡。干死部分黄色或黄褐色。后期易被病菌感染，发病后可见明显的黑色霉菌（图1-24）。

图1-24　萝卜日灼症

2.病原及发病规律

受害株根系发育较差，新叶过于柔嫩，特别是雨后暴晴易发生日灼；喷洒赤霉素可阻碍萝卜根的发育，会加重发病。

3.防治妙招

（1）精细整地，保证土壤密接。

（2）如果数日阴天后天气骤晴，可用碎麦秸或稻草覆盖。

（3）如果天气久晴，日照强烈，可在上午10时至下午3时采用遮阳网覆盖。

第二节　萝卜主要虫害快速鉴别与防治

一、萝卜菜螟

也叫菜心野螟、萝卜螟、甘蓝螟、卷心菜螟、白菜螟等，属鳞翅目、螟蛾科。全国各地均有分布和为害，主要为害萝卜、白菜、甘蓝、花椰菜、芥菜类蔬菜，还可为害菠菜等。

1.症状及快速鉴别

幼虫为钻蛀性害虫，为害萝卜幼苗期心叶及叶片。以初龄幼虫蛀食幼苗心叶，吐丝结网，受害处排出潮湿的虫粪，引起腐烂。受害幼苗因生长点被破坏停止生长。为害轻时影响菜苗生长。为害严重时可导致幼苗枯死，造成缺苗断垅、毁种。还能传播软腐病。一般幼虫4～5龄时，才会发现虫灾为害（图1-25）。

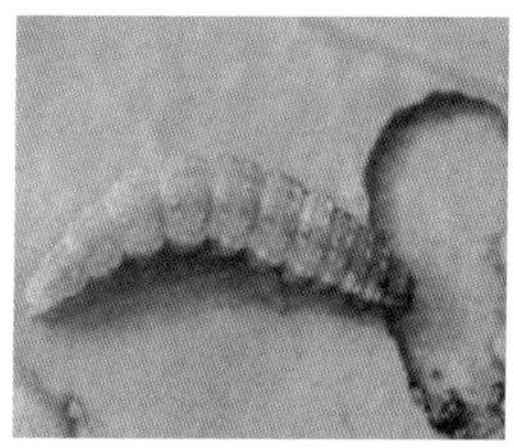
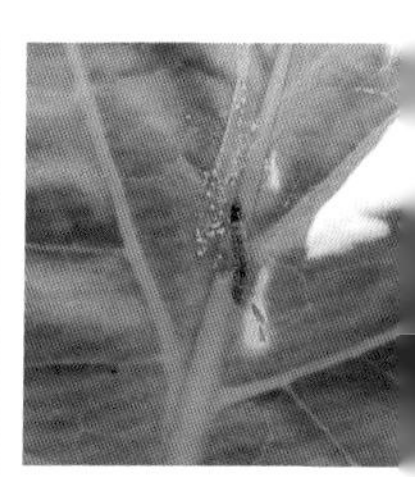

图1–25　萝卜菜螟为害状

2.形态特征

（1）**成虫**　体长7～9毫米，翅展15～20毫米，体灰褐色或黄褐色。前翅有3条波浪状灰白色横纹和1个黑色肾形斑，斑外围有灰白色晕圈（图1-26）。

（2）**卵**　长0.3毫米，椭圆形，扁平。

（3）**幼虫**　共5龄。老熟幼虫体长约12～14毫米，头部黑色，有“八”字形裂纹。体黄白色至黄绿色，背上有5条灰褐色纵纹(背线、亚背线和气门上线)，体节上还有毛瘤，中后胸背上毛瘤单行横排各12个，腹末节毛瘤双行横排，前排8个，后排2个（图1-26）。

图1-26　萝卜菜螟成虫及幼虫

（4）**蛹**　长约8毫米，黄褐色。

（5）**茧**　长椭圆形，外附泥土。

3. 生活习性及发生规律

在北京、山东一年发生3～4代，安徽合肥5～6代，上海6～7代。以老熟幼虫在地面吐丝缀合土粒、枯叶做成丝囊越冬，少数以蛹越冬。春季越冬幼虫入土6～10厘米作茧化蛹。害虫喜高温低湿的环境条件。

秋季天气高温干燥有利于菜螟发生。如果菜苗处于2～4叶期受害更重。成虫昼伏夜出，稍具趋光性。在叶茎上产卵，卵散产，尤以心叶着卵量最多，每雌蛾约产卵200粒。初孵幼虫潜叶为害，3龄吐丝缀合心叶，藏身其中取食为害。4～5龄可由心叶、叶柄蛀入茎髓为害。幼虫有吐丝下垂及转叶为害的习性。老熟幼虫多在菜根附近土面或土内作茧化蛹。蛹体外有长椭圆形丝茧，外附泥土。萝卜菜螟生活史见图1-27。

4. 防治妙招

（1）**清园**　蔬菜收获后及时清除病残株及落叶，带出园外集中销毁。并进行深耕，消灭幼虫和蛹。

（2）**适当调节播种期**　将受害最重的3～5片真叶幼苗期，与菜螟产卵及幼虫为害盛期相互错开，可减轻为害。

（3）**药剂防治**　菜苗出土后掌握菜螟的成虫盛发期和产卵盛期，可喷布2.5%鱼藤酮乳油1000倍液，或5%抑太保乳油2000～3000倍液，或80%敌敌畏（或2.5%灭幼脲、25%马拉硫磷）1000倍液等药剂，防治效果均很好。每隔7～10天喷1次，连续喷施2～3次。

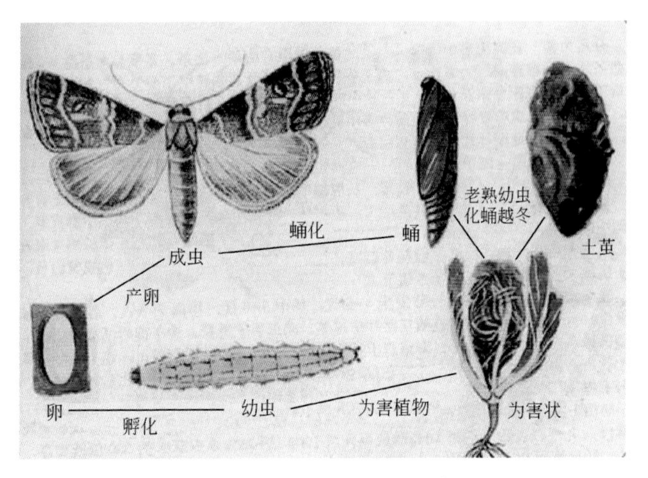

图1-27　萝卜菜螟生活史

提示　施药时要注意尽量喷洒在萝卜菜叶的心叶上。

二、萝卜蚜虫

也叫菜蚜，萝卜蚜。属同翅目蚜科。近年来萝卜蚜虫在初春越来越多，为害非常严重。

1.症状及快速鉴别

蚜虫吸附在萝卜的茎叶上刺吸汁液，使萝卜叶片营养不良，卷曲发黄，植株矮缩，生长缓慢；影响地下肉质根的伸长和膨大，并造成空心，降低品质和产量；还会传播病毒病和诱发煤烟病，造成卷叶和束顶（图1-28）。

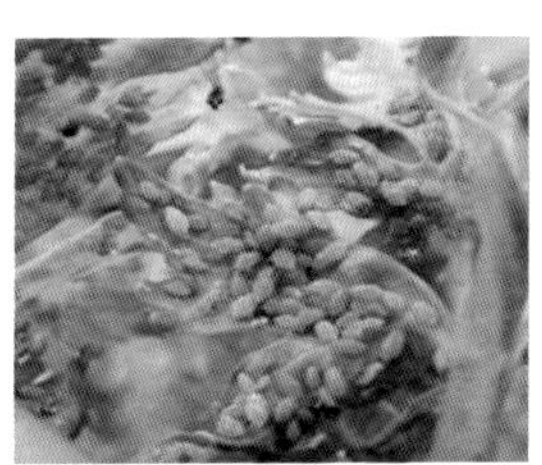

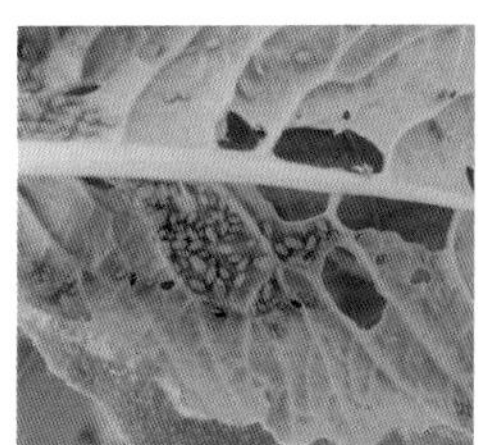

图1-28　萝卜蚜虫为害状

2. 形态特征

见图1-29。

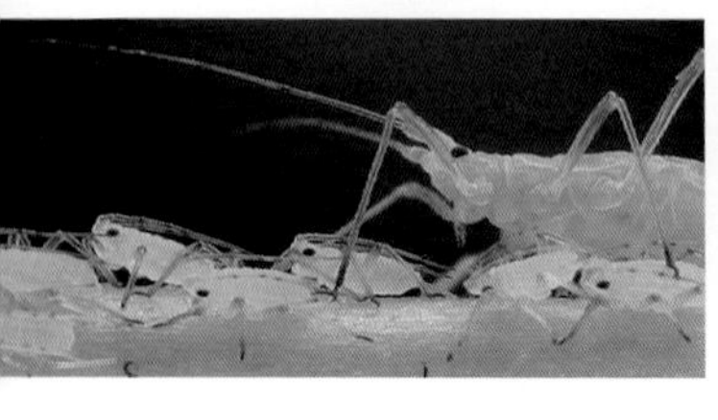
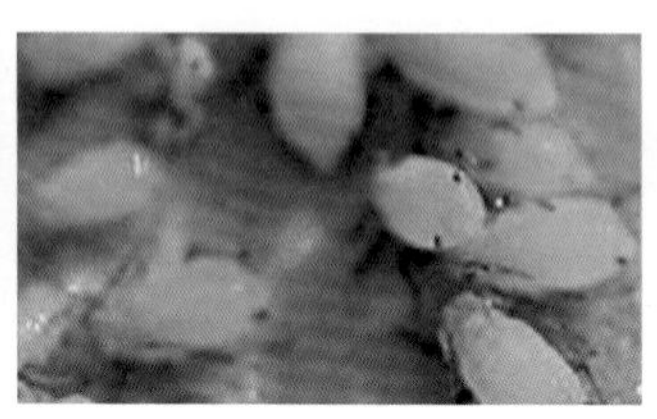
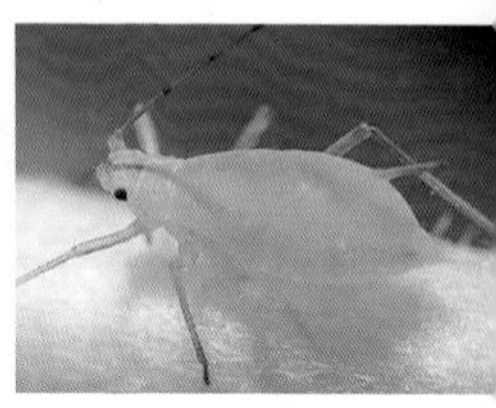

图1–29　萝卜蚜虫

（1）**有翅蚜**　体长约1.6毫米，长椭圆形；头胸部黑色，腹部黄绿色，薄被蜡粉。

（2）**无翅蚜**　体长约2.0毫米，长椭圆形，绿色或墨绿色，薄被蜡粉（图1-29）。

3. 生活习性及发生规律

在辽宁北部一年可繁殖约20代，长江流域20～30代。以卵在草本植株或木本植物上越冬。春季4月越冬卵孵化为干母，12℃时开始胎生干雌。在越冬植株上繁殖2～3代后产生有翅蚜。6～7月出现为害高峰。

4. 防治妙招

要注意防治蚜虫，保护好茎叶才能保证萝卜的高产优质。

（1）**保证水分均衡供应**　萝卜在缺水干旱的条件下更容易受蚜虫为害。一般天气干旱时要每2～3天淋1次清水。

提示　淋水时一定要淋干净的清水，不要淋混浊带泥的污水，以免诱发蚜虫，加剧为害。

（2）**药剂防治**　注意检查萝卜的茎叶，发现茎叶上有蚜虫时，就要连续向叶面喷洒2～3次3.2%阿维菌素1500倍液，或20%吡虫啉1500倍溶液，或25%吡蚜酮1000倍液，或0.5%藜芦碱1500倍液等药剂。每隔7～10天喷1次，连续防治1～2次。

提示　喷药时均匀喷湿所有的茎叶，以开始有水珠往下滴为宜。

（3）**喷草木灰或沼液**　在萝卜采收前10～15天，如果发现有蚜虫为害，可用10～15倍干燥纯净的草木灰澄清浸出液，或5～10倍沼液稀释液喷洒。无毒无残留，当天喷洒当天就可以采收，不污染萝卜，也能保证不危害人体的健康，效果较好。

（4）**生态防治**　可用黄板诱杀或释放捕食性天敌。

三、萝卜黑绒金龟子

1.症状及快速鉴别

成虫食叶，幼虫食害苗根使幼苗枯死。为害严重时可造成田间缺苗断垅（图1-30）。

图1-30　萝卜黑绒金龟子为害状

2.形态特征

（1）**成虫**　体长7～9毫米，宽5～6毫米，卵圆形，雄虫较雌虫略小，全体黑褐或紫黑色，密背灰黑色短茸毛，具光泽。前胸背板密布点刻，前缘角呈锐角状向前突出，侧缘生有刺毛。鞘翅上具有9条浅纵沟纹，两侧也有刺毛。腹部最后1对气门露出鞘翅外（图1-31）。

（2）**幼虫**　乳白色，头部浅黄褐色，有3对胸足，体肥胖，多皱纹，体型弯曲呈“C”字形，多为白色，少数为黄白色。常卷缩成马蹄形，并有假死性（图1-31）。

成虫

幼虫

蛹

图1-31　萝卜黑绒金龟子成虫、幼虫及蛹

3. 生活习性及发生规律

4月末～6月上旬为成虫盛发期。成虫在日落前后从土中爬出活动，傍晚取食为害叶片、芽。成虫有较强的趋光性，可用黑光灯诱杀。

4. 防治妙招

（1）**农业防治** 未充分腐熟的土杂肥和秸秆中藏有大量金龟子的卵和幼虫，通过高温腐熟后大部分幼虫和卵能被杀死。所以施基肥时务必用充分腐熟后的土杂肥。

（2）**诱杀成虫** 架设黑光灯或荧光灯，下置糖醋液，对成虫进行诱杀。

（3）**药剂防治** 在幼虫发生期可在地表撒施辛硫磷颗粒剂，一般施3～5千克/667平方米。或用5%氯丹粉剂0.5～1.5千克/667平方米，掺细土25～50千克，充分混合制成毒土，均匀撒在地面。或在地面喷5%氯丹粉剂，在播种前随施药、随耕翻、随耙匀。

成虫发生时可喷90%晶体敌百虫1000～1500倍液毒杀成虫。也可用50%辛硫磷乳油1500倍液，或80%敌百虫可溶性粉剂1000倍液，或25%西维因可湿性粉剂1500倍液进行灌根。

四、萝卜地种蝇

也叫萝卜种蝇、萝卜蝇、白菜蝇、根蛆、地蛆，属花蝇科，是萝卜主要害虫之一，为害萝卜严重时可造成整株萝卜死亡，还可为害油菜、白菜等十字花科蔬菜。

1. 症状及快速鉴别

蛀食菜株根部及周围菜叶，受害株在强光照下老叶呈萎垂状。受害轻的菜株发育不良，呈畸形或外叶脱落，产量降低，品质变劣，不耐贮藏。受害重的蝇蛆蛀入叶心，甚至因根部完全被蛀而枯死。此外蛆害造成的大量伤口可导致软腐病的侵染与流行，引起根部腐烂（图1-32）。

2. 形态特征

（1）**成虫** 体长约7毫米。雄虫体略瘦小，暗灰褐色，头上两只复眼间距较小。雌虫全体黄褐色（图1-33）。

图1-32　萝卜地种蝇为害状

（2）**卵**　长椭圆形，长约1毫米，乳白色，稍弯曲。卵表面有网状纹。

（3）**幼虫**　老熟幼虫体长约7毫米。乳白色，头退化（图1-33）。

（4）**蛹**　为围蛹。长约7毫米，椭圆形，红褐色或黄褐色。

图1-33　萝卜地种蝇成虫及幼虫

3.生活习性及发生规律

一年发生1代。以蛹在土中滞育越冬。在北方成虫盛发期一般为8月下旬～9月上旬。日平均气温约27℃成虫开始羽化，8月下旬为盛期，9月中旬为末期。9月上旬是产卵盛期，幼虫为害盛期在9月中下旬，10月中旬为害末期，10月下旬为化蛹盛期，并以蛹在土中越冬。老熟幼虫在6～15厘米深处入土化蛹越冬。

4.防治妙招

（1）**提早翻耕土地**　应在土地开冻后及时进行春耕。

（2）**合理施肥**　禁止使用生粪作肥料，施用充分腐熟的粪肥和饼肥。施肥时做到均匀、深施，最好作底肥要种、肥隔离，或在施肥后立即覆土，或在施入的粪肥中拌入一定量的具有触杀和熏蒸作用的杀虫剂作成毒粪。作物生长期内不要追施稀粪肥。

（3）**科学灌水** 播种时覆土要细致，不使湿土外露。发现种蝇幼虫为害时及时进行大水漫灌数次，可有效控制蛆害。

（4）**清洁田园** 收获后及时清除田间残株落叶，特别是腐烂的茎、叶，带出园外集中销毁，可减少虫源。

（5）**药剂防治** 害虫为害初期，可用1.8%阿维菌素乳油，或21%增效氰·马乳油，或5%高效灭百可(顺式氯氰菊酯)乳油，或2.5%溴氰菊酯乳油，均为3000倍液；或用5%氟虫脲乳油，或75%灭蝇胺可湿性粉剂，或50%地蛆灵乳油，或10%溴·马乳油，均为2000倍液等药剂，均匀喷雾。

第二章
胡萝卜病虫害快速鉴别与防治

第一节　胡萝卜主要病害快速鉴别与防治

胡萝卜（图2-1）为伞形科，胡萝卜属，原产于亚洲的西南部，现已分布世界各地。我国约在13世纪从伊朗引入，全国各地都有栽培，产量占根菜类的第二位。

图2-1　胡萝卜

根肉质粗肥，长圆锥形，呈红色或黄色。营养丰富，肉质根富含蔗糖、葡萄糖、淀粉、胡萝卜素以及钾、钙、磷等。每100克鲜重含1.67～12.1毫克胡萝卜素，含量高于番茄的5～7倍，食用后经肠胃消化分解成维生素A，能防治夜盲症和呼吸道疾病。胡萝卜有降低血糖的成分，可补肝、明目、通便、防癌等，有地下"小人参"及"金笋"的美誉。耐贮藏，可炒食、煮食、生食、酱渍、腌制等，男女老幼均喜欢食用，成为颇受欢迎的蔬菜种类之一。

一、胡萝卜白粉病

1.症状及快速鉴别

主要为害叶片及叶柄。幼叶及老叶上初生污白色星点状霉层，很快扩展成大片菌丝层，即病原菌的分生孢子梗和分生孢子。

一般多先由下部叶片发病，后期逐渐向上部叶片扩展。发病初期在叶背或叶柄上产生白色至灰白色粉状斑点。发展后叶片表面和叶柄覆满白色粉霉层，后期形成许多黑色小粒点。发病严重时由下部叶片向上部叶片逐次变黄枯萎，叶缘萎缩，叶片逐渐干枯（图2-2）。

图2-2　胡萝卜白粉病

2.病原及发病规律

为蓼白粉菌，属子囊菌亚门真菌。菌丝体表生，分生孢子梗直立于菌丝体上。分生孢子梗无色，短圆柱状，基部不膨大，不分支，有1～2个隔膜，顶端产生分生孢子。分生孢子单胞，无色，长椭圆形至腰鼓形。闭囊壳球形，黑色，附属丝丝状，内含多个子囊。

病菌以菌丝体在多年生寄主活体上存活越冬，也可以闭囊壳在土表病残体上越冬。翌年条件适宜时产生子囊孢子，引起初侵染。发病后病部产生分生孢子，借气流、风和雨水传播，多次重复再侵染扩大为害。病菌对环境条件要求不严格，温暖、潮湿的条件易于感染。发病适温20～25℃，相对湿度25%～85%，以高湿条件下发病严重。但是在干旱、少雨的情况下，由于植物生长不良，抵抗力下降，分生孢子仍可萌发侵染，有时发病更重。早播和过量施肥时发病重。

3. 防治妙招

（1）**选用抗病品种** 可选择金港五寸、三红胡萝卜等适宜本地区的相对抗、耐病强的优良品种。

（2）**种子消毒** 用50℃温水浸种15分钟，或用15%粉锈宁可湿性粉剂拌种后再进行播种。

（3）**加强栽培管理** 及早间苗、定苗，合理密植。施足充分腐熟的粪肥，避免过量施用氮肥，增施磷、钾肥，防止造成植株徒长。注意通风透光，降低空气湿度。适当灌水，雨后及时排水。及时铲除田间杂草。

（4）**搞好清洁卫生** 发现初始病叶及时摘除，可减少田间菌源，抑制病情发展。收获后彻底清除田间病残体，集中烧毁或深埋，减少翌年初侵菌源。

（5）**药剂防治** 发病初期及时进行药剂防治。可用15%粉锈宁可湿性粉剂1500～2000倍液，或50%多菌灵可湿性粉剂500倍液，或70%甲基托布津可湿性粉剂800倍液，或40%多硫悬浮剂500倍液，或20%粉锈宁乳油2500倍液，或50%硫黄悬浮剂300倍液，或2%武夷霉素水剂200倍液，或农抗120水剂200倍液，或30%特富灵可湿性粉剂2000倍液，或12%绿乳铜乳油600倍液，或10%世高可湿性粉剂3000倍液，或40%杜邦福星乳油8000～10000倍液，或25%施保克乳油2000倍液，或12.5%速保利可湿性粉剂2500倍液，或50%施保功可湿性粉剂2000倍液，或47%加瑞农可湿性粉剂600倍液，或60%防霉宝水溶性粉剂1000倍液等药剂喷雾。每隔7～10天喷1次，连续防治2～3次。

二、胡萝卜花叶病毒病

1. 症状及快速鉴别

多在苗期或生长中期发生。叶片受害时，受害轻的形成明显的斑驳花叶，或产生大小为1～2毫米的红斑，心叶一般不显症。受害重时呈严重的皱缩花叶，有的叶片扭曲畸形。在田间与其他病毒混合侵染时植株多表现为斑驳或矮化（图2-3）。

图2-3　胡萝卜花叶病毒病

2. 病原及发病规律

病原为胡萝卜花叶病毒、胡萝卜杂色矮缩病毒、胡萝卜薄叶病毒、胡萝卜斑驳病毒及萝卜红叶病毒等。

病毒可随肉质根在窖内或野生胡萝卜上越冬。通过汁液摩擦和蚜虫进行传毒。5种病毒传毒虫媒为埃二尾蚜、胡萝卜微管蚜和桃蚜。发病适温20～25℃。蚜虫数量多发病重。

3. 防治妙招

（1）**加强田间管理**　生长期间满足肥水供给，促进植株生长健壮，增强抗病力。

（2）**钝化病毒**　将肉质根置于36℃条件下处理39天，可使病毒钝化。

（3）**及时防蚜**　注意检查胡萝卜的茎叶，发现茎叶上有蚜虫活动时，就要连续向叶面喷洒2～3次3.2%阿维菌素1500倍液，或20%吡虫啉1500倍溶液，或25%吡蚜酮1000倍液，或0.5%藜芦碱1500倍液等药剂。每隔7～10天喷1次，连续防治1～2次，均匀喷湿所有的茎叶，以开始有水珠往下滴为宜。

（4）**药剂防病**　发病初期开始喷洒抗毒丰250～300倍液，或20%毒克星可湿性粉剂500倍液，或1.5%植病灵1000倍液，或3.85%的三氮唑核苷·铜·锌水剂500倍液，或0.5%菇类蛋白多糖水剂250～300倍液，或20%盐酸吗啉胍·乙铜可湿性粉剂500倍液等药剂均匀喷雾，每隔7天喷1次，连续防治2～4次。

三、胡萝卜斑枯病

也叫叶斑病。秋季露地栽培的胡萝卜一般冬初开始发病，如果防

图2-4　胡萝卜斑枯病

治不及时易迅速扩展蔓延。发病严重时全田叶片枯黄，呈火烧状，造成胡萝卜大幅度减产。

1.症状及快速鉴别

主要为害叶片，也可为害叶柄（图2-4）。

叶片发病，多在叶缘产生病斑。病斑近圆至椭圆形或不规则形，褐色至暗褐色，无明显的边缘，病健组织分界清晰，病斑边缘黄绿色，中央褐色或黑褐色。后期病斑上散生许多小黑点，小颗粒埋生或半埋。发病严重时叶片上布满病斑，或病斑相连，导致叶片提早黄枯。

叶柄发病，病斑纺锤形或长椭圆形，叶柄上形成深褐色，稍有凹陷的不规则形病斑，病斑上散生许多黑色小颗粒黑点。发病严重时叶片上布满病斑或病斑相连，导致叶片提早黄枯。

2.病原及发病规律

为胡萝卜壳针孢，属半知菌亚门真菌。

病菌随病残体散落在地表和土壤中越冬，种子也可带菌，均为初侵染源。病斑上的病菌分生孢子器吸水后涌出分生孢子，借风雨和灌溉水传播，经气孔或穿透表皮侵入。病菌再侵染频繁，病害发展蔓延很快。

病菌喜高温、高湿条件，尤以管理粗放、生长衰弱的地块发病严重。

3.防治妙招

（1）种子处理　从无病株上采收种。播种前要对种子进行消毒处理，可用种子重量0.3%的50%福美双＋新高脂膜，或种子重量0.3%的40%拌种双＋新高脂膜拌种。能驱避地下病虫，隔离病毒感染，不影响萌发吸胀功能，可加强呼吸强度，提高种子发芽率。

（2）**加强栽培管理** 施足粪肥，适时追肥，增施磷、钾肥。适当灌水，灌水后加强中耕松土，控制田间湿度。雨后及时排除田间积水。在肉质根膨大期应及时喷施地果壮蒂灵，使地下根营养运输导管变粗，提高根膨大活力，使胡萝卜表面光滑，果形健美，优质高产。

（3）**及早发现并拔除中心病株** 在生长过程中如果发现胡萝卜斑枯病的病株，应及时拨出，并带出菜园外集中烧毁或深埋。收获时收净田间病残株，深翻土壤，减少菌源。

（4）**药剂防治** 发病初期及时进行药剂防治。可喷施70%的代森锰锌可湿性粉剂500倍液，或80%新万生可湿性粉剂600倍液，或40%大富丹可湿性粉剂500倍液，或40%多硫悬浮剂500倍液，或77%可杀得可湿性微粒粉剂800倍液，或1∶1∶（160～200）倍波尔多液等药剂进行防治，用药量50～60千克/667平方米。每隔7～10天喷1次，连喷2～3次，交替喷雾。

提示 喷药时配合喷施新高脂膜800倍液，可提高药剂有效成分利用率，巩固防治效果。

四、胡萝卜细菌性疫病

1.症状及快速鉴别

主要为害叶片、叶柄和花器（图2-5）。

图2-5 胡萝卜细菌性疫病

叶片染病，初在叶片上呈现黄色小斑点。扩展后变为圆形至不规则形，中间因失水发生干裂，产生坏死斑，四周具不规则的黄色晕圈。严重时病斑布满整个叶片，发病重的叶片干枯。

叶柄染病，在病部产生暗褐色条状斑，湿度大时可溢出菌脓。花器染病，后期凋萎死亡。

2. 病原及发病规律

为油菜黄单胞菌胡萝卜致病变种（胡萝卜黑斑病黄单胞菌），属细菌。细菌杆状，两端钝圆，有荚膜，具极生鞭毛，能游动，革兰氏染色阴性，好气性。病菌发育适温27～30℃，最高40℃、最低5℃，59℃经10分钟致死。

病菌主要在种子表面或内部，以及土壤中及病残体上越冬。借雨水、灌溉水及昆虫传播。由叶片气孔或伤口侵入。气温30～36℃及多雨的季节易发病。暴风雨后伤口多，发病重。

3. 防治妙招

（1）**种子处理**　选用无病种子。必要时将种子置于50℃温水中浸泡25分钟，进行消毒处理。

（2）**合理轮作换茬**　发病重的地区或田块实行与豆类、葱蒜类、禾本科等作物2～3年以上的轮作。

（3）**加强田间管理**　及时松土追肥，促进根系发育。雨后及时排水。

（4）**药剂防治**　发病初期开始喷洒新植霉素4000倍液，或72%农用硫酸链霉素可溶性粉剂4000倍液，或30%绿得保悬浮剂350～400倍液，或14%络氨铜水剂300倍液，或77%可杀得可湿性微粒粉剂500倍液，或1∶1∶200倍式波尔多液等药剂。每隔7～10天喷1次，连续防治2～3次。采收前3天停止用药。

五、胡萝卜黄化病

1. 症状及快速鉴别

症状见图2-6。

生育初期感染的病株显著矮化，呈丛生状。病株叶片变小，叶前部轻微向内侧卷曲，叶脉成明脉，有时沿叶脉产生黄斑。

生育后期感染的病株，叶片褪绿黄化，老叶有时带红色，提早干枯死亡。

2. 病原及发病规律

为胡萝卜黄化病毒。病毒粒体球形。

图2-6 胡萝卜黄化病

在带毒胡萝卜采种根中存活越冬，也可在伞形科杂草上存活越冬携带病毒。病毒不能由种子、土壤及汁液传毒。田间病毒主要由蚜虫传播，传毒蚜虫主要为胡萝卜蚜、胡萝卜微管蚜等。蚜虫在带毒病株上吸食1～24小时即可获毒，再飞到健株上吸食汁液24小时即可传毒。一旦蚜虫获毒后可保持传毒能力达15天以上。

3.防治妙招

（1）**清园灭菌** 发病初期发现病株及时拔除，减少田间毒源。

（2）**采取避蚜、防蚜措施** 发现蚜虫要采取果断措施及时灭蚜，防止传毒。防治蚜虫要及早防、连续防，彻底消灭干净。可向叶面喷洒2～3次3.2%阿维菌素1500倍液，或20%吡虫啉1500倍溶液，或25%吡蚜酮1000倍液，或0.5%藜芦碱1500倍液等药剂。每隔7～10天喷1次，连续防治1～2次，均匀喷湿所有的茎叶，以开始有水珠往下滴为宜。

（3）**加强肥水管理，提高植株抗病力** 生长发育中、后期高温干旱时，要适时灌水，防止过于干旱。也可喷布83增抗剂100倍液，提高抗、耐病毒能力。

（4）**药剂防病** 发病初期可喷1.5%植病灵乳油1000倍液，或20%病毒A可湿性粉剂500倍液，或0.5%抗毒剂1号水剂300倍液等药剂。

六、胡萝卜黑斑病

1.症状及快速鉴别

茎、叶、叶柄均可染病（图2-7）。

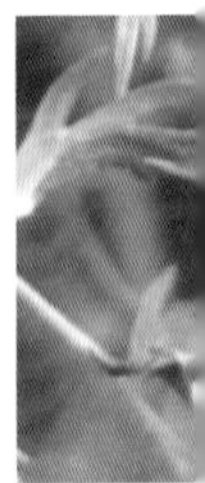

图2-7　胡萝卜黑斑病

叶片染病，多从叶尖或叶缘开始，呈现不规则形、深褐色至黑色病斑，周围组织略褪色。湿度大时病斑上长出黑色霉层。严重时病斑汇合，叶缘上卷，叶片早枯。

茎染病，病斑长圆形、黑褐色，稍凹陷。

2.病原及发病规律

为胡萝卜链格孢菌，属半知菌亚门真菌。分生孢子梗短，色深。分生孢子倒棍棒形，壁砖状，分隔。具横隔膜5～11个，纵膜1～3个。

以菌丝或分生孢子在种子或病残体上越冬，成为翌年的初侵染源。发病后从新病斑上产生的分生孢子通过气流传播蔓延，并进行再侵染。

一般雨季植株长势弱的田块发病重。发病后遇天气干旱有利于症状显现。发病严重时叶片大量早枯死亡。

3.防治妙招

（1）**种子消毒**　播种前，用种子重量0.3%的50%福美双可湿性粉剂（或40%拌种双粉剂），或70%代森锰锌，或75%百菌清，或50%异菌脲可湿性粉剂，进行拌种。

（2）**加强田间管理**　从无病株上采种，做到单收单藏。实行2年以上轮作。增施充分腐熟的有机肥或生物有机复合肥作底肥，促其生长健壮，可增强抗病力。

（3）**药剂防治**　发病初期开始喷洒75%的百菌清可湿性粉剂600倍液，或78%波·锰锌可湿性粉剂500倍液，或80%代森锰锌可湿性粉剂600～650倍液，或50%异菌脲可湿性粉剂1000～1500倍液，或

40%大富丹可湿性粉剂400倍液，或40%克菌丹可湿性粉剂400倍液等药剂。约隔10天喷1次，连续防治3～4次。

七、胡萝卜斑点病

也叫胡萝卜褐斑病。

1.症状及快速鉴别

主要为害叶片、叶柄和茎。

叶片染病，初生褐色至灰褐色斑点，大小2～4毫米，圆形至近圆形病斑，中间灰色至灰褐色，边缘浅黄至暗褐色。病斑扩展后呈暗黑色，大的病斑可达1厘米。湿度大时两面均产生黑霉，即病原菌的分生孢子梗和分生孢子。严重时病斑融合，病叶变褐凋萎，由下向上逐渐脱落（图2-8）。

图2-8　胡萝卜斑点病

2.病原及发病规律

为胡萝卜尾孢，属半知菌亚门真菌。

病菌在种子内外和土壤中的病残体上及野生寄主上越冬，可存活1年以上。翌年春季产生分生孢子，借风雨进行传播和蔓延。当分生孢子落在胡萝卜叶片上在露滴或水滴中萌发，产生芽管，由气孔侵入，在细胞间扩展蔓延，经过几天的潜育，叶片上出现病斑，经多次重复侵染，在植株上形成大量的病斑。

该病能否流行主要取决于气象条件、越冬菌源数量及寄主抗病性。病菌发育适温25～28℃，平均温度19～23℃，潜育期5～8天。分生孢子形成要求相对湿度高于98%。生产上遇有连阴雨、大雾、重露或灌水过量易发病。一般连阴雨后10～20天出现发病高峰，病势扩展迅速。重茬、菌源量大、土壤黏重、地势低洼的田块发病重。

3.防治妙招

（1）**选择抗病的优良品种**　选择适宜本地区的相对抗、耐病的优良品种，如黑田五寸、新黑田五寸、鞭杆红及多伦红等。

（2）**种子消毒**　播种前可用种子重量0.3%的50%福美双粉剂（或40%拌种双粉剂），或70%代森锰锌可湿性粉剂，或75%百菌清可湿性粉剂，或50%扑海因可湿性粉剂，进行拌种后再播种。

（3）**加强栽培管理**　从无病株上采种，做到单收单藏。实行2年以上轮作。增施底肥，促其生长健壮，增强抗病力。

（4）**药剂防治**　发病初期开始喷洒40%百菌清悬浮剂500倍液，或50%甲基硫菌灵·硫黄悬浮剂800倍液，或80%喷克可湿性粉剂600倍液，或90%疫霜灵可湿性粉剂500倍液，或70%乙·锰可湿性粉剂400倍液，或72%克霉星可湿性粉剂500倍液，或72%克露可湿性粉剂700倍液，或50%安克可湿性粉剂1500倍液，或58%甲霜·锰锌可湿性粉剂500倍液，或72.2%霜霉威水剂600倍液，或52.5%抑快净水分散粒剂1500倍液等药剂。每隔7～10天喷1次，连续防治3～4次。采收前7天停止用药。

八、胡萝卜枯黄病

1.症状及快速鉴别

植株大部分叶片黄化，后变为棕红色；肉质直根上长出大量须根。与正常的肉质根相比，病株的肉质根较小，产量明显降低（图2-9）。

2.病原及发病规律

为细菌侵染引起。

主要通过种子或农事操作，导致病株与健株之间的汁液感染，造成传播为害。

图2-9　胡萝卜枯黄病

3. 防治妙招

（1）**浸种**　播种前将种子放在浓度为1000单位/毫升的四环素溶液内浸2小时，再用清水洗净。

（2）**药剂防治**　生产上发现病害时，可在发病初期喷洒医用四环素或土霉素溶液4000倍液，约隔10天喷1次，连续防治1～2次。

九、胡萝卜菌核病

1. 症状及快速鉴别

在田间和贮藏期均可发生，主要为害肉质根。

在田间发病，植株地上部根茎处腐烂，地下肉质根软化，组织腐朽，呈纤维状，中空。病部外生白色棉絮状菌丝和黑色鼠粪状菌核（图2-10）。

贮藏期肉质根染病，为害症状与田间相似。

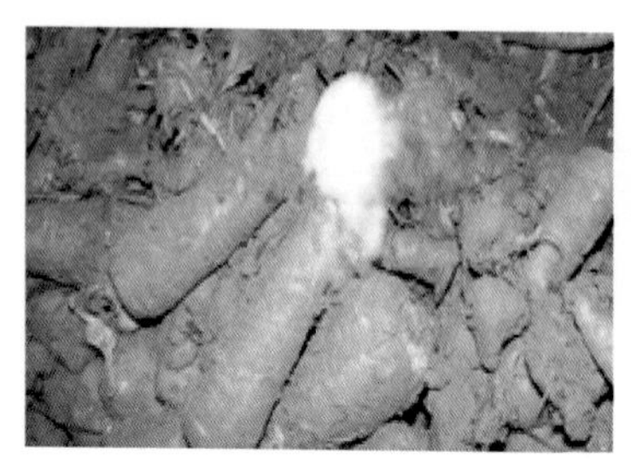

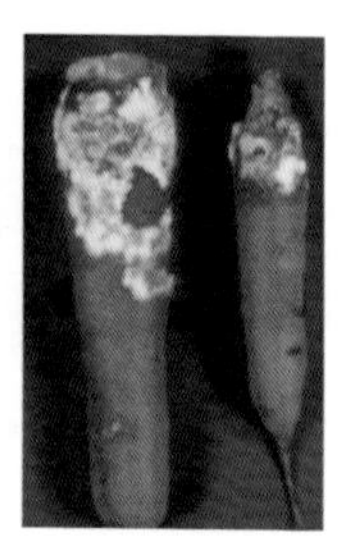

图2-10　胡萝卜菌核病

2.病原及发病规律

为核盘菌，属子囊菌亚门真菌。

病菌以菌丝、菌核及子囊孢子在菜窖中、土壤内或种子上越冬。该病属土传病害，子囊孢子在侵染循环中不起作用，以菌丝体为初侵染源，病健株接触构成再侵染。

低温、湿度大，易发病。

3.防治妙招

（1）**合理轮作**　重病区或重病地与禾本科作物实行3年以上轮作。有条件的采用土壤淹水，以杀灭菌核。

（2）**器具消毒**　装运胡萝卜的器具应进行消毒。如果用旧窖贮藏，应在贮藏前15天，每平方米用硫黄15克进行熏蒸灭菌消毒。

（3）**贮前检查**　入窖前严格剔除有病的胡萝卜肉质根。

（4）**入窖管理**　窖温应控制在约13℃，相对湿度约80%，防止窖顶滴水和受冻。

（5）**药剂防治**　必要时可喷洒50%扑海因可湿性粉剂1500倍液，或50%速克灵可湿性粉剂2000倍液。也可用特克多烟剂，用量50克/100立方米（1片），或用15%的腐霉利烟剂60克/100立方米进行熏烟。约隔10天后再熏1次。

十、胡萝卜丝核菌根腐病

在我国各胡萝卜种植区均有分布和为害。春播短根胡萝卜容易发生。

1.症状及快速鉴别

主要为害根部。尤其是梅雨季节收获的春播短根胡萝卜根部发病严重。

发病初在肉质根表面产生污垢状的小斑点，不断扩展，呈褐色不规则形水浸状病斑。湿度大时病斑上生有污白色蛛丝状菌丝，病斑软化腐烂。病斑多在胡萝卜肉质根的上半部出现，向上扩展至叶柄基部。严重时使叶柄基部变褐色，呈立枯状（图2-11）。

  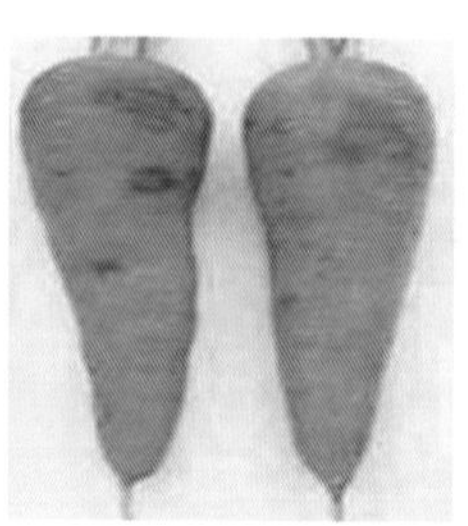 

图2-11　胡萝卜丝核菌根腐病

2.病原及发病规律

为丝核菌，属半知菌亚门真菌。菌丝褐色，在分支处有缢缩，较近处形成隔膜。菌核无定型，以菌丝与基质相联合，褐色至棕红色，表面粗糙，内外颜色一致，表层细胞小，但与内部细胞无明显的差别，通常掩埋于菌丝中，彼此以菌丝相连。菌丝生育温度为10～35℃，适宜温度25℃。

病菌由菌丝和菌核构成。菌丝互相交织形成菌核。菌核附在根部呈暗褐色，为不整齐的板状。菌核或菌丝可以附在土壤中的有机物上存活数年，经土壤传染。除胡萝卜外还可侵染马铃薯和菜豆。

病害主要发生在春播夏收栽培型，夏播冬收型较少见。尤其在5月中旬～7月中旬多雨年份病害严重。

3.防治妙招

（1）**选好种植地**　选择地势较高燥、排水良好的地块种植。

（2）**合理施肥**　深耕细耙，施足充分腐熟的粪肥，采用高畦或高垄栽培。

（3）**培育壮苗**　春播胡萝卜应适时早播，种植密度不要过密，及早间苗、定苗，及时中耕除草。

（4）**合理轮作**　避免连作，重病地应与禾本科作物进行3年以上的轮作，最好是水、旱轮作。但不可与马铃薯和菜豆轮作。

（5）**改作冬季收获型**　多发病田可改作冬季收获型。

（6）**土壤消毒**　可能发病的地块要在播种前进行土壤消毒。

（7）**清园灭菌**　初见零星病株及时拔除，并用生石灰进行土壤消毒。

（8）**药剂防治**　发病初期可用50%多菌灵可湿性粉剂500倍液，或50%甲基托布津可湿性粉剂500倍液，或5%井冈霉素水剂1500倍液，或20%甲基立枯磷乳油1500倍液，或15%恶霉灵水剂500倍液等药剂喷雾或灌根。每隔7天防治1次，连续防治2～3次。

十一、胡萝卜黑腐病

也叫胡萝卜链格孢黑腐病，胡萝卜根生链格孢黑腐病，俗称黑心、烂心。全世界各胡萝卜种植区均有发生。我国山西、河北、内蒙古、安徽、福建、浙江、甘肃、台湾等地胡萝卜种植区均有发生和为害。近几年发生程度日趋严重。病原菌在胡萝卜各生长阶段均可侵染。

1.症状及快速鉴别

苗期至采收期或贮藏期病害均可发生，主要为害胡萝卜肉质根、叶片、叶柄及茎。

苗期侵染，可导致苗期的幼苗猝倒。

叶片染病，形成暗褐色斑。成株老叶易感病，发病时首先在叶柄上形成黑色斑点，后扩展到叶梢，严重时导致整片叶枯死（图2-12）。

叶柄及茎发病，多为梭形至长条形病斑，病斑边缘不明显。湿度大时表面密生黑色霉层，即分生孢子梗及分生孢子（图2-12）。

图2-12　胡萝卜黑腐病为害叶片及茎

肉质根染病，多在根的头部形成不规则形或圆形、稍凹陷的黑色斑。发病严重时扩展到胡萝卜根冠部，形成一个黑色腐烂环（即黑冠）。病斑扩展深达内部，使肉质根变黑腐烂。贮藏期胡萝卜侵染后，会出现干燥的黑色内陷病灶。在温暖、潮湿的贮存条件下，病原菌可在胡萝卜间迅速蔓延（图2-13）。

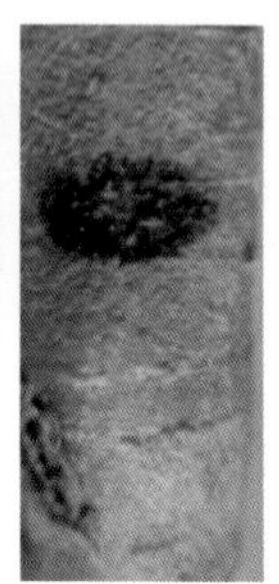
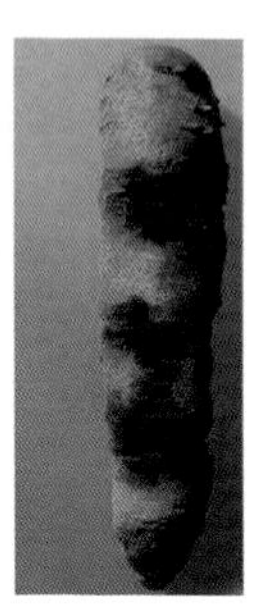

图2–13　胡萝卜黑腐病为害肉质根

2.病原及发病规律

为胡萝卜黑腐链格孢菌，属半知菌亚门真菌。无性繁殖体叶两面生，子座有或无，子座由近圆形、褐色细胞组成。分生孢子梗褐色、单生或数根束生，膝曲状，或仅顶端膝曲，深棕色，有明显的孢痕，少数分支，具隔膜2～5个。分生孢子深褐色，串生，卵形或椭圆形至倒棒状，无喙，具横隔3～6个，纵隔1～5个。

以菌丝体或分生孢子随病残体残留在土表中越冬，主要在病残体上越冬。田间以带菌种子和病残体作为初侵染源。病原菌以孢子在作物病残体或土壤中可存活8年以上。翌年春季病菌分生孢子借气流传播蔓延。并通过带菌土壤和病株的转移、流水或风传播。生长期分生孢子借风雨传播进行再侵染，扩大为害。

温度高、湿度大的环境条件易发病。秋季及初冬天气温暖、多雨多雾、湿度大及植株过密时有利于发病。在生长中、后期肉质根膨大过程中，如果地下害虫为害严重，农事操作造成较多的机械损伤也有利于发病。我国华北地区一般在7月中旬开始发病，8月中下旬病情达到最高峰。秋播胡萝卜9～10月份在肉质根开始膨大期间，病菌从伤口侵入。

3.防治妙招

种植抗病品种、种子包衣和清理田间病残体是防治胡萝卜黑腐病的有效方式。胡萝卜生育期，叶片发生黑腐病不仅造成产量损失，而且可为贮藏期肉质根发病积累足够数量的病原，同时也为侵染胡萝卜根冠部提供通道。因此叶片发病初期进行防治是控制病害的重要手段。

（1）**种子消毒处理**　播种前用种子重量0.3%的50%扑海因可湿性粉剂，或50%福美双可湿性粉剂，或种子重量0.3%的50%异菌脲可湿性粉剂，或40%拌种双可湿性粉剂＋云大-120拌种后，再进行播种。

（2）**合理轮作**　对于常发病的地块与非伞形花科蔬菜及非十字花科蔬菜实行2年以上轮作，最好是水旱轮作。

（3）**加强栽培管理**　施足底肥，增施基肥和追肥。适时追肥灌水，注意水肥的均衡供应。生长中后期注意及时防治害虫。农事操作应注意避免造成伤口。及时清除田间病残体，减少田间病源。收获后彻底清除病残体，深翻土地。

（4）**药剂防治**　我国华北地区胡萝卜种植区在7月上旬病害发生前期或初期，常使用保护性杀菌剂进行预防。每667平方米可用40%百菌清悬浮剂200毫升，每隔7～10天喷雾1次，连续使用3～4次，可达到低投入、高产出的防治效果。

发病初期可喷洒50%扑海因可湿性粉剂1500倍液，或75%百菌清可湿性粉剂600倍液，或50%多菌灵可湿性粉剂800倍液，或58%甲霜灵·锰锌600倍液，或70%品润干悬浮剂800倍液，或50%翠贝干悬浮剂5000倍液，或60%百泰可分散粒剂1500倍液，或5%云大翠丽微乳剂1500倍液，或25%凯润乳油3000倍液，或10%苯醚甲环唑水分散粒剂1500倍液，或70%安泰生可湿性粉剂600倍液，或10%苯醚甲环唑水分散粒剂1000倍液＋75%百菌清可湿性粉剂800倍液，或25%溴菌腈可湿性粉剂500～1000倍液＋70%代森锰锌可湿性粉剂700倍液，或50%福美双·异菌脲可湿性粉剂800～1000倍液等药剂交替使用，每隔7～10天喷1次，视病情为害程度，连续防治2～3次。

提示 异菌脲为二甲酰亚胺类杀菌剂，对胡萝卜黑腐病具有较好的防治效果。可在胡萝卜黑腐病发生前期或初期，每667平方米使用500克/升的异菌脲悬浮剂75毫升，每隔7～10天喷雾1次，连续使用3～4次。戊唑醇和苯醚甲环唑等三唑类杀菌剂，也可有效防治胡萝卜黑腐病。可在7月上旬病害发生前期或初期，每667平方米选择使用400克/升的戊唑醇悬浮剂16.7毫升，或10%苯醚甲环唑水分散粒剂66.7克，每隔7～10天喷雾1次，连续使用3～4次。

上述药剂与天达2116混配使用，防治效果更佳。

（5）**合理贮藏** 收获后，良好的贮藏条件对控制病害至关重要。贮藏前进行卫生清扫，保持贮藏场所干净，清洗并剔除带伤的胡萝卜，可降低贮藏期胡萝卜黑腐病发生的概率。肉质根贮藏过程中减少伤口，控制贮藏温度和湿度。贮藏时保持适当的温度约在0℃，湿度小于92%，可阻止胡萝卜受侵染和降低病害蔓延的概率。

十二、胡萝卜细菌性软腐病

1.症状及快速鉴别

主要为害地下部肉质根。田间生长期或贮藏期均可发生。

地上部茎叶在慢性发病时，植株的茎叶变黄后逐渐萎蔫；急性发病时整株突然萎蔫干枯（图2-14）。

地下部肉质根根部染病，多从近地表根头部发病，以后逐渐向下蔓延扩大，病斑形状不定，周缘明显或不明显，初呈褐色，水浸状湿腐。后随着病部的扩展，肉质根组织崩溃，变成灰褐色、病根软化腐烂，黏稠腐烂汁液外溢，散发出臭味。严重时整个肉质根腐烂。

肉质根贮藏期可继续发病。严重时造成烂窖（图2-15）。

2.病原及发病规律

为胡萝卜软腐欧文氏胡萝卜软腐致病型，属细菌。

病菌在病组织内或随病残体遗落在土中，或在未腐熟的土杂肥内存活越冬，也可在油菜、白菜、甘蓝、莴笋等肉质根内越冬，成为病害初侵染来源。翌年春季气温回升温度适宜时，病菌可借小昆虫及地下害虫或灌溉水及雨水溅射传播，从根茎部伤口或地上部叶片气孔及水孔侵入，进行初侵染和再侵染。在南方菜区田间寄主终年存在，病菌可辗转传播蔓延，无明显的越冬期。在田间22～28℃，相对湿度高于80%易发病。

图2-14　病害造成植株萎蔫干枯

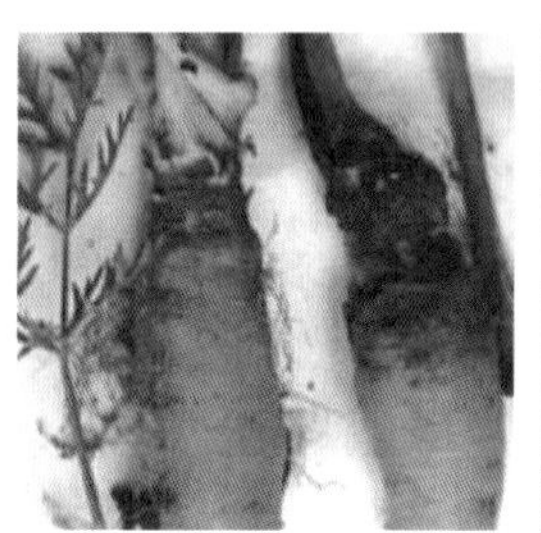
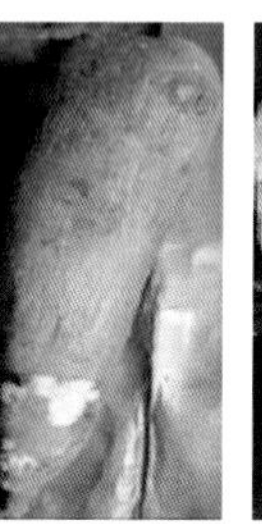
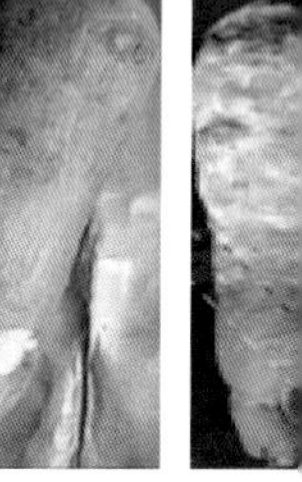

图2-15　肉质根软化腐烂

（1）种植密度大、通风透光不好发病重。肉质根膨大期地下害虫为害严重的田块，造成的伤口多易发病。

（2）土壤黏重、偏酸，多年重茬，田间病残体多，易发病。氮肥施用过多，生长过嫩，易发病。肥力不足，耕作粗放，杂草丛生的田块，植株抗性降低，发病重。

（3）肥料未充分腐熟、有机肥带菌或肥料中混有本科作物病残体的易发病。

（4）地势低洼积水，排水不良，土壤潮湿，易发病。气候温暖，高湿多雨，日照不足，易发病。秋季及初冬天气温暖，多雨多雾，大水漫灌湿度大，植株过密，有利于发病。

3. 防治妙招

（1）**选用抗病品种及种子播前处理**　精选种子，选用无病包衣的种子。如果未包衣种子带菌，可用拌种剂或浸种剂进行灭菌。可用50℃温水浸种15分钟后再催芽播种。可用种子重量0.3%的50%扑海因进行拌种，或用50%代森铵（或77%可杀得）悬浮剂1000倍液浸种20分钟。种子灭菌后，水洗晾干后再进行播种。

（2）**选好种植地**　选地势较高、土质疏松、肥沃的地块种植。重病区或田块宜实行与非本科作物合理轮作3年以上，切忌重茬、迎茬。与葱蒜类蔬菜及水稻水旱轮作效果最好。无条件实行轮作的地块宜施石灰100～150千克/667平方米。深翻晒土，或灌水浸田达到一定的时间变干后再进行整地。整修排灌系统，采用深沟高垄或高畦栽培种植。地膜覆盖栽培可防治土中病菌为害地上部植株。

（3）**科学施肥** 施用酵素菌沤制的堆肥或充分腐熟的优质有机肥，不用带菌的肥料，施用的有机肥不得含有植物的病残体。采用测土配方施肥技术，适时、适量追肥，切勿偏施氮肥，要增施磷、钾肥。

（4）**加强田间管理** 直播栽培不宜过密，培育壮苗增强植株抗病力，有利于减轻病害。及时防治地下害虫。及时中耕松土、铲除杂草，有条件的可使用化学除草剂除草，尽量减少伤口。选用排灌方便的田块，开好排水沟降低地下水位，雨前及时清沟，达到雨停后能及时排除田间积水。大雨过后及时清理沟系，雨后及时排水，防止湿气滞留，降低田间湿度，这是防病的重要措施。

（5）**土壤消毒** 土壤病菌多或地下害虫严重的田块，在播种前撒施或沟施灭菌杀虫的药土。播种后用药土覆盖。易发病地区在幼苗封行前，喷施1次除虫灭菌剂。

（6）**清园灭菌** 播种前或收获后，清除田间及四周杂草和农作物病残体，集中烧毁或沤肥。深翻地灭茬，促使病残体分解，减少病虫源。

加强检查，发现病株及时拔除，及时清除病叶、病株，随时带出田外集中烧毁或深埋。病株穴撒生石灰或施药淋灌病穴消毒。

（7）**及时防治害虫** 特别要防治好地下害虫，进行地下施药等农事操作时尽量减少根部伤口，可减少病菌传播。

（8）**药剂防病** 发病初期可用90%新植霉素可湿性粉剂3000倍液，或医用土霉素4000倍液，或72.2%农用链霉素可湿性粉剂4000倍液，或3%中生菌素可湿性粉剂1000倍液等药剂喷雾进行防治。也可喷洒10%苯醚甲环唑水分散粒剂1500倍液，或14%络氨铜水剂300～350倍液，或50%琥胶肥酸铜（DT）可湿性粉剂500倍液，或77%可杀得悬浮剂800倍液，或47%加瑞农可湿性粉剂800～1000倍液，或50%苯菌灵可湿性粉剂1500倍液，或50%速克灵可湿性粉剂

2000倍液，或50%农利灵可湿性粉剂1000倍液，或60%防霉宝超微可湿性粉剂800倍液，或12%绿乳铜乳油500倍液，或56%靠山水分散微粒剂800倍液，或20%龙克菌悬浮剂500～600倍液，或68%波尔多液可湿性粉剂800倍液等药剂，每隔7～10天喷1次，连续防治2～3次，可及时控制病害的发生。

（9）**采收贮藏** 收获时轻挖轻放，收获、装运防止碰伤、擦伤，尽量减少伤口。采收后晾晒半天再入窖贮藏。入窖前严格挑选，剔除伤病肉质根。入窖后窖贮期间，严格控制窖温在10℃以下，相对湿度低于80%，严防受冻，防止窖顶往下滴水，可减少发病。

贮藏期发病可用15%三唑酮烟剂进行熏烟，用药量50克/100立方米。

十三、胡萝卜根霉软腐病

主要为害胡萝卜，瓜类等蔬菜。

1.症状及快速鉴别

在贮藏期间易发病。主要为害肉质根，发病初期产生水渍状斑，后变为浅褐色。湿度大时病部长出羊毛状灰白色菌丝，导致肉质根腐烂（图2-16）。

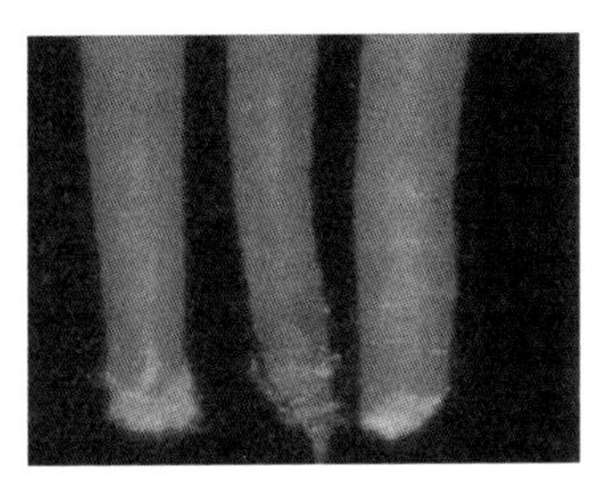

图2-16 胡萝卜根霉软腐病

菌丝顶端带有灰色头状物，可区别于菌核病、丝核菌等导致的根茎腐烂。

2.病原及发病规律

为匍枝根霉（黑根霉），属接合菌亚门真菌。

病原菌在腐烂部位产生孢子囊，散放出胞囊孢子，借气流传播蔓延。由伤口或从生活力衰弱的部位侵入。在田间气温22～28℃，相对湿度高于80%易发病。通常雨水多的年份或高温湿闷的天气易发病。地下害虫为害重，机械伤口多发病重。大水漫灌，土壤湿度大，地势低洼等不良条件的田块发病重，有时会导致病害的流行。

3. 防治妙招

（1）农业防治　加强田间肥水管理，严防大水漫灌，雨后及时排水。保护地注意经常放风降湿。

（2）药剂防治　发病初期及时喷布30%绿得宝悬浮剂300～400倍液，或36%甲基托布津悬浮剂500倍液，或50%多菌灵可湿性粉剂600倍液，或25%苯菌灵乳油800倍液等药剂。每隔7～10天喷1次，连续防治2～3次。采收前3天停止用药。

十四、胡萝卜灰霉病

是胡萝卜贮藏期的重要病害。在贮藏的中后期发病最多。

1. 症状及快速鉴别

主要为害肉质根。感病的组织初呈浅褐色水渍状，后在病部的表面密生灰色的霉状物，有的呈灰黑色。然后逐渐腐烂，病组织干缩呈海绵状（图2-17）。

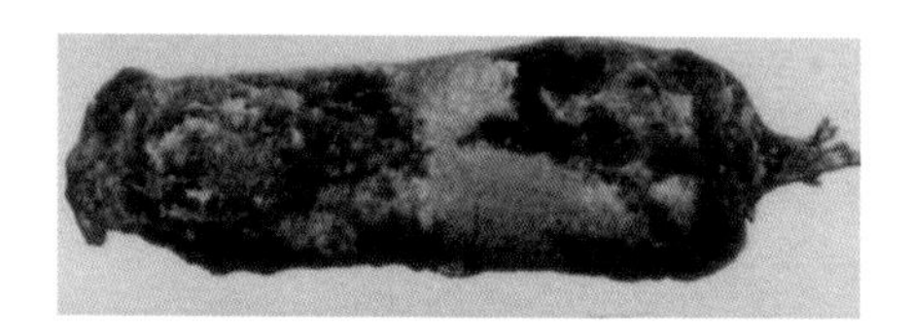

图2–17　胡萝卜灰霉病

2. 病原及发病规律

为灰葡萄孢菌，有性态为富氏葡萄孢盘菌，属半知菌亚门真菌。子座埋生在寄主组织内，分生孢子梗细长，从表皮表面长出，直立，分支少，深褐色，具隔膜6～16个。分生孢子梗端先缢缩，后膨大，膨大部具小瘤状突起，突起上着生分生孢子。分生孢子单胞，无色，近球形或椭圆形。

病菌以菌丝体和菌核随病残体在菜窖里或土壤中越冬，引起初侵染。分生孢子借气流传播进行再侵染。发病适温约20℃，湿度饱和易发病。此外土壤湿度和机械损伤也影响发病程度和病害扩展的速度。

3. 防治妙招

（1）**选用较抗病的品种** 选择适宜本地区的相对抗、耐病强的腊捻、鞭杆红、多伦红、麦村金笋等优良品种。

（2）**加强田间管理** 选地势平坦、肥沃的地块种植。精细整地、施用充分腐熟的优质有机肥，不要用新鲜的厩肥，氮肥不宜过多。合理灌溉。适时收获，及时清除病残体。

（3）**尽量减少伤口** 收获、贮运过程中精心操作，减少机械伤口。

（4）**科学贮藏** 入窖前晾晒几天，严格剔除有伤口和腐烂的病肉质根，防止带病胡萝卜混入窖内。提倡采用新窖，贮藏期间窖内温度控制在13℃以下，湿度保持90%～95%，严防窖内滴水及寒潮侵袭或受冻。有条件的地方采用低温冷藏法。冷却速度越快发病率越低。

（5）**药剂防治** 贮窖内发病，必要时可喷洒50%扑海因可湿性粉剂1500倍液，或50%速克灵可湿性粉剂2000倍液。也可用特克多烟剂，用量50克/100平方米（1片），或15%腐霉利烟剂每100立方米每次用60克进行熏烟。约隔10天后再熏1次。

提示 如果用旧窖贮藏，应在贮藏前15天，每100平方米用硫黄15克进行熏蒸灭菌消毒。

十五、胡萝卜紫纹羽病

1. 症状及快速鉴别

病株地上部表现为植株矮化，叶片发黄。中午日照强烈时叶片萎蔫。

在根、茎交界近地面部分覆盖白色至紫色绒状菌丝层，容易脱落。

地下肉质根表面缠绕根状菌索。菌索初为白色，后变为紫或紫褐色不规则形分支，不断沿根面延伸，似蛛网状缠满肉质根表面。病根最后软化腐败，拔出时常断落于土壤中，最后肉质根腐烂（图2-18）。

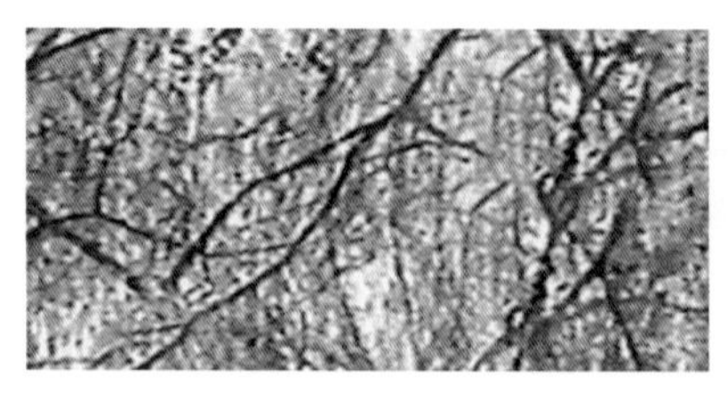
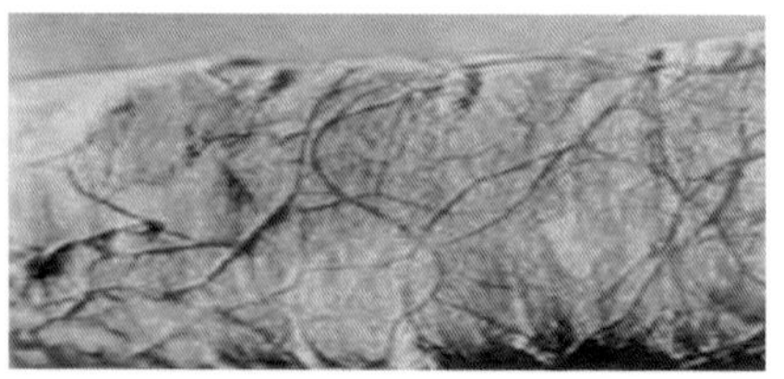

图2-18　胡萝卜紫纹羽病

2.病原及发病规律

为桑卷担菌，属担子菌亚门真菌。菌索由色深、壁厚的菌丝平行排列纠结而成。子实层淡紫红色。担子圆筒形，无色，其上产生担孢子。担孢子长卵形，单胞，无色；菌核扁球形，紫褐色。

病菌以菌丝体、根状菌索，菌核在病根上或土壤中越冬。翌年条件适宜时根状菌索和菌核产生菌丝体，菌丝体集结形成的菌索在土壤中延伸，接触寄主根后即可侵入为害。一般先侵染新根的柔软组织，后蔓延到主根。病菌在土壤中可借病根与健根接触传播。另外从病根上掉落到土壤中的菌丝体、菌核等也可以由土壤、灌溉水、雨水水流传播。病菌所产生的担孢子寿命短。萌发后侵染机会少，在侵染循环中不能发挥重要作用。

低洼潮湿、积水地发病重。连作地发病重。林地或桑园、果园中种植胡萝卜容易发病，而且病情一般较重。

3.防治妙招

（1）**严格选地**　不宜在发生过紫纹羽病的桑园、果园及大豆、甘薯等地块种植胡萝卜，最好选择禾本科茬口为好。

（2）**科学施肥**　施用的粪肥要充分腐熟。适时追肥、灌水，保持植株生长健壮，提高抗病能力。

（3）**清园灭菌**　发现病株及时挖出，集中烧毁或深埋。病株穴填石灰或浇灌20%的石灰水消毒。

（4）**开沟阻隔病菌侵入**　在田间出现零星地块发病时，应在病地块四周开沟阻隔，防止菌丝体、菌索、菌核随土壤或流水传播蔓延。

（5）**药剂防治**　发病初期及时喷药防治。可喷布或浇灌70%的甲基托布津可湿性粉剂800倍液，或50%苯菌灵可湿性粉剂1500倍液，或50%扑海因可湿性粉剂1000倍液，或20%甲基立枯磷乳油1500倍液。

也可在发病初期，用50%拌种双1千克与干细土15千克混配成药土，在病株茎基部及附近的地面撒施，每株撒施药土75～100克。

十六、胡萝卜猝倒病

也叫胡萝卜倒苗。

1.症状及快速鉴别

胡萝卜幼苗贴附在地面上猝倒，叶片腐烂，导致幼苗变成褐色，逐渐枯死。严重时可成片死苗（图2-19）。

图2-19　胡萝卜猝倒病

2.病原及发病规律

为瓜果腐霉菌，属鞭毛菌亚门真菌。

病菌以卵孢子在表土层越冬，并在土中长期存活。翌年遇到适宜的环境条件萌发产生孢子囊，以游动孢子或直接长出芽管侵入寄主。此外在土中营腐生生活的菌丝也可产生孢子囊，以游动孢子侵染幼苗，引起猝倒。田间的再侵染主要靠病苗上产生孢子囊及游动孢子，借助灌溉水或雨水，溅附到贴近地面的根茎上，引起更严重的发病。

在苗期出现低温、高湿条件有利于发病。

3.防治妙招

（1）**采取合理的轮作制度**　与非伞形科及十字花科蔬菜实行2～3年的轮作，水旱轮作效果更好。

（2）**土壤消毒**　播种前进行土壤消毒等措施，也可控制或减轻病害的发生。

（3）**种子处理**　播种前可用种子重量0.4%的40%拌种双可湿性粉剂，或50%多菌灵可湿性粉剂，或50%利克菌可湿性粉剂，或75%卫福可湿性粉剂，或50%扑海因可湿性粉剂进行拌种后再播种，可减轻病害。

（4）**药剂防治**　发病初期及时进行药剂防治。可选用70%甲基托布津可湿性粉剂600倍液，或45%特克多悬浮剂800倍液，或80%大生可湿性粉剂600倍液，或30%倍生乳油1200倍液，或2%加收米水剂600倍液，或40%菌核利可湿性粉剂500倍液，或10%宝丽安可湿性粉剂500倍液等药剂均匀喷雾。每隔7～15天防治1次，连续防治2～3次。

十七、胡萝卜白绢病

1.症状及快速鉴别

发病初期地上部症状不很明显，植株根茎部近地表处，长出白色菌丝，呈辐射状向四周扩展，后在菌丝上形成灰白至黄褐色小菌核，大小约为1毫米。病情严重时植株叶片黄化枯萎（图2-20）。

图2-20　胡萝卜白绢病

2.病原及发病规律

为齐整小菌核，属半知菌亚门真菌。以菌丝体在病残体或以菌核在土壤中越冬。菌核萌发后即可侵入植株。几天后病菌分泌大量毒素及分解酶，使基部腐烂。借灌溉水传播蔓延，带菌苗木可作远距离传播。土壤湿度大，高温高湿发病重。平均气温25～28℃，雨后转晴，病害易流行。

3.防治妙招

（1）**合理轮作**　与非伞形科及十字花科蔬菜实行2年以上的轮作。

（2）**选好地块**　选择干燥、不积水的地块种植。

（3）**种子处理**　播种前种子可用硫酸链霉素500毫克/千克浸种1小时，晾干后再进行播种。

（4）**药剂防治**　发病初期可喷洒40%多·硫悬浮剂500倍液，或50%扑海因可湿性粉剂1000倍液，或15%三唑酮可湿性粉剂1000倍液，或20%甲基立枯磷乳油900倍液等药剂均匀喷雾。每隔7～10天喷药1次，连喷2～3次。也可用50%的甲基立枯磷可湿性粉剂进行土表喷撒，用量0.5克/平方米，均有较好的防治效果。采收前5天停止用药。

十八、胡萝卜根腐病

1.症状及快速鉴别

主要为害根部。初发病时地上部萎蔫，扒开土壤可见到在肉质根表面产生污垢状的小斑点。不断扩展呈褐色浸状不规则形病斑。湿度大时病斑上产生有污白色、灰白色至粉红色蛛丝状菌丝，病部逐渐软化腐烂。病斑多在肉质根的上半部出现，向上扩展至叶柄基部，使叶柄基部变为褐色，呈立枯状（图2-21）。

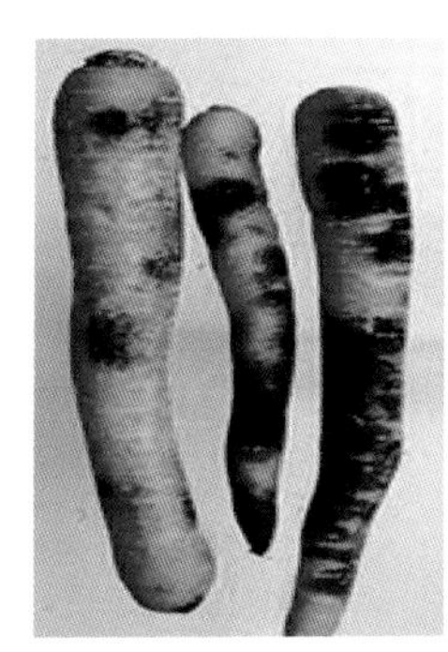
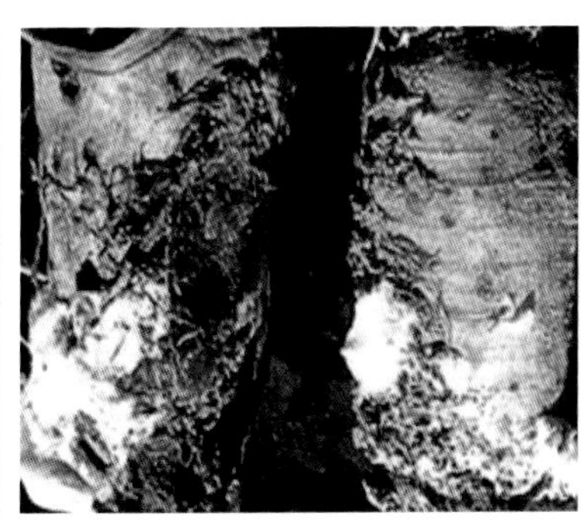

图2-21　胡萝卜根腐病

2.病原及发病规律

为立枯丝核菌，镰刀菌，均属半知菌亚门真菌。病菌菌丝粗壮，初时无色，老熟时淡褐色，分支略呈直角，分支处缢缩。老熟菌丝常呈一连串的桶形细胞，并可交织成质地疏松的黑褐色菌核。

病菌以菌丝体和菌核及厚垣孢子随病残体在土壤中越冬。两种病菌也可在土壤中腐生，病残体分解后病菌也可在土壤中腐生存活2～3年。遇有适宜的条件时病菌菌丝直接侵入寄主的肉质根引起发病。发病后期病部病菌菌丝融合，形成大小不等、暗褐色的片状菌核贴附于根部。

镰刀菌从根部伤口侵入，借雨水或灌溉水传播蔓延。发病后病部又产生大量的分生孢子进行再侵染。高温、高湿有利于发病。感染镰刀菌的胡萝卜经过约35天后即发生腐烂，干燥后僵化。

病菌主要通过雨水、灌溉水进行传播。农具以及带菌的粪肥也能传播。病菌对环境条件要求不严格，温度10～35℃，菌丝均可正常生长，最适温度约25℃。喜湿润又耐干旱，适宜的pH值3～9.5。

重茬连作地易发病。一般春播胡萝卜发病重。特别是在5月中旬～7月中旬期间多雨的年份病害常暴发成灾。

3.防治妙招

（1）**合理轮作**　重病地应与粮食作物进行3年以上的轮作，最好是水旱轮作。

（2）**加强栽培管理**　选择地势较高燥，排水良好的地块种植。深耕、细耙，施足充分腐熟的粪肥。高畦或高垄栽培。春播胡萝卜应适时早播。种植密度不要过密。及早间苗、定苗。及时中耕除草。初见零星病株及时拔除，防止中心病株传染为害。

（3）**药剂防治**　发病初期可用50%多菌灵可湿性粉剂500倍液，或50%甲基托布津可湿性粉剂500倍液，或5%井冈霉素水剂1500倍液，或20%甲基立枯磷乳油1500倍液，或15%恶霉灵水剂500倍液等药剂进行喷雾或灌根。每隔约7天防治1次，连续2～3次。

十九、胡萝卜畸形根

胡萝卜在生长过程中遇到不适宜的环境，常会出现弯曲、分叉、异形根或开裂等不正常的现象，会大大降低胡萝卜的商品价值，影响菜农的收益。

1.症状及快速鉴别

是由于主根（肉质根）的生长受到抑制，造成不定根生长的结果。正常情况下不定根只有吸收水分和养分的作用，但是如果胡萝卜的主根受到破坏，或生长发育受阻，不定根就会累积养分膨大，出现弯曲、分叉、异形根或开裂等（图2-22）。

图2-22　胡萝卜畸形根

2.病因及发病规律

（1）**种子质量**　陈种子生活力较弱，发芽不良，影响到幼根先端的生长。有的胚根受到破坏易产生分叉。雨季收获的种子由于授粉受精不良，易形成无胚或胚发育不良的种子，如果播种这样的种子，肉质根易产生分叉。

（2）**土质及耕作方面**　土壤耕翻过浅，底层土壤过硬，耕作层浅而坚硬的地块主根易生长受阻，促使不定根生长发育，产生分叉。在深耕过程中未能将石头、树根、瓦片、塑料硬物等清除干净，土壤中有碎石、砖、瓦块、树根等坚硬物阻碍主根生长，易造成分叉。

（3）**施肥**　施肥过量或施肥不均匀，有可能导致胡萝卜根尖部位土壤EC值过高，主根的根尖受高浓度的土壤离子浓度影响，会促使不定根生长，引起胡萝卜分叉。有机肥未充分腐熟含尿酸的量较多，既会灼伤主根，又会使侧根因受到刺激而长出，造成分叉。另外基肥施得不均匀，也同样会阻碍主根的伸长。

（4）**管理不当**　浇水不合理，在胡萝卜主根膨大期，如果遇到干旱的天气不能及时浇水，会使土壤过度坚硬，主根不能正常向下扎根，形成分叉。在浇水时浇水不透或地势较高处，分叉现象表现尤其明显。

（5）**地下害虫为害** 蝼蛄、蛴螬及金针虫等地下害虫对胡萝卜的主根进行咬食为害，使主根受到破坏，促使不定根生长，造成分叉。

3. 防治妙招

胡萝卜出现分叉的原因很多，根据不同原因采取相应的防治措施，进行综合预防。

（1）**选择优良品种** 要选择肉质根顺直，不易分叉的优质高产品种，如日本新黑田五寸人参、红誉五寸、泰国三红等。

（2）**选用新种** 购买种子时要选择新鲜饱满、发育完全的当年产的新种子，尽量不要选用隔年的陈旧种子。

（3）**土壤深耕细作** 种植胡萝卜的地块要深耕细耙，保持土壤疏松。深耕时最好应超过25～30厘米，纵横细耙2～3次，力争使耕作层土细、深厚疏松。整地时不要漏耕漏耙，特别是地边地头。同时结合整地注意拣出土层里残存的碎砖、瓦块、石块和树根等硬质杂物，可减少分叉。

（4）**合理浇水** 注意在生长的关键时期，尤其在胡萝卜的根茎膨大期，要保障充足的水分供应，及时合理浇水，防止土壤过干。浇水时做到浇透浇实，切忌浇“跑马水”。

（5）**科学施肥** 有机肥要充分腐熟，施用的鸡粪、牛粪等底肥要经过高温发酵处理，达到充分腐熟。施肥时结合使用氮、磷、钾三元复合肥，力争做到将肥料撒施均匀一致。

（6）**防治虫害** 注意及时防治地下害虫，避免为害根部。在8～9月胡萝卜根茎膨大期可用辛硫磷等高效低毒农药灌根，用药量1～1.5千克/667平方米，在傍晚前后随水浇灌。或用50%辛硫磷2500～3000倍液浇灌根部，防止蛴螬、金针虫等地下害虫为害。

第二节 胡萝卜主要虫害快速鉴别与防治

一、胡萝卜菜青虫

也叫菜蛾、小菜蛾、小青虫、方块蛾、两头尖、属鳞翅目、菜蛾科。为害胡萝卜，严重影响胡萝卜的产量和质量。也可为害芥蓝、甘蓝、花椰菜等十字花科蔬菜。

1.症状及快速鉴别

幼虫孵出后潜食叶肉。2龄后多在叶背取食，留下半透明的上表皮斑块。3龄后食量大增，可将叶片咬成缺刻或孔洞。严重时仅剩叶脉，使蔬菜失去商品价值。在留种菜上为害嫩茎、幼种荚和籽粒，影响结实（图2-23）。

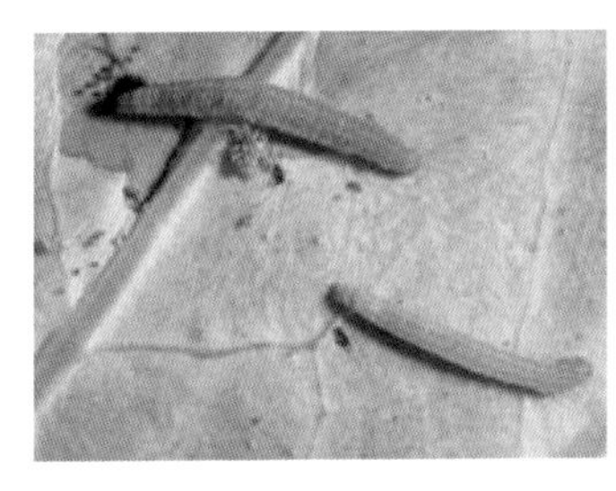
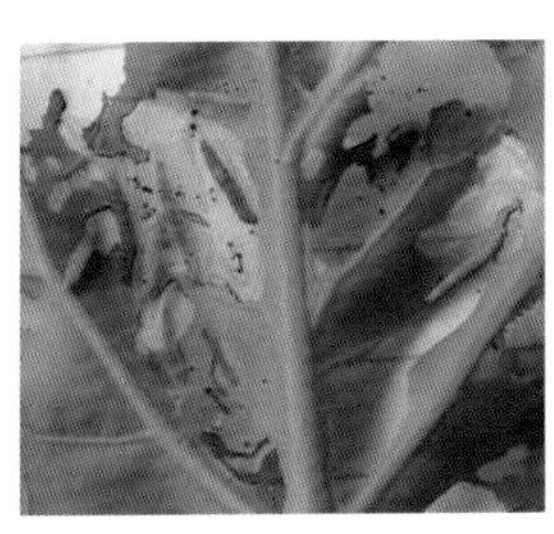

图2–23　胡萝卜菜青虫

2.形态特征

（1）**成虫**　体长6～7毫米，翅展12～16毫米。前后翅细长，缘毛很长，前后翅缘呈黄白色三度曲折的波浪纹。两翅合拢时呈3个连接的菱形斑，前翅缘毛长并翘起似鸡尾。触角丝状，褐色有白纹，静止时向前伸。雌虫较雄虫肥大，腹部末端圆筒状，雄虫腹末圆锥形，抱握器微张开（图2-24）。

（2）**卵**　椭圆形，稍扁平。长约0.5毫米，宽约0.3毫米。初产时淡黄色，有光泽，卵壳表面光滑。

（3）**幼虫**　初孵幼虫深褐色，后变为绿色。末龄幼虫体长10～12毫米，纺锤形，体节明显，腹部第4～5节膨大。体上有稀疏长而黑的刚毛。头部黄褐色，前胸背板上有淡褐色无毛的小点组成2个“U”字形纹。臀足向后伸超过腹部末端，腹足趾钩单序缺环。幼虫较活泼，触碰后激烈扭动并后退（图2-24）。

（4）**蛹**　长5～8毫米，黄绿至灰褐色，外被丝茧极薄如网，两端通透（图2-24）。

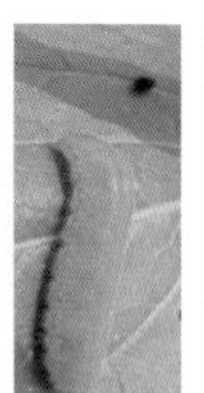
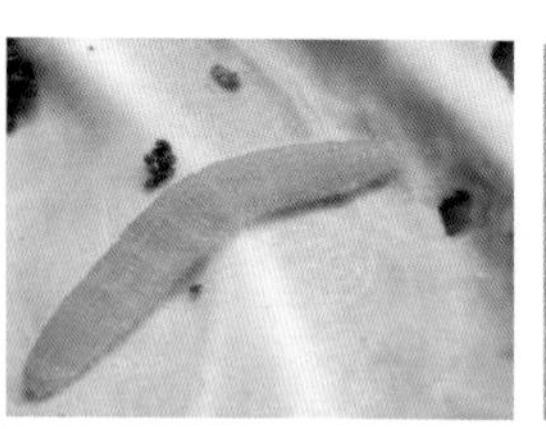
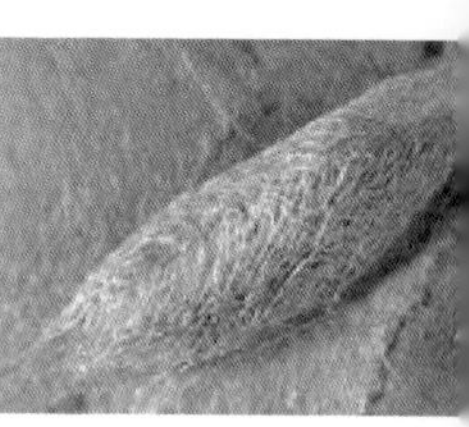

图2-24 胡萝卜菜青虫成虫、幼虫及蛹

3.生活习性及发生规律

幼虫、蛹、成虫各种虫态均可越冬、越夏，无滞育现象。以11月至翌年3月的十字花科蔬菜栽植盛期，发生数量最多，为害最严重。由于发生面积大，为害时间长，防治非常困难。

成虫昼伏夜出，白天藏身田间植株荫蔽处。受惊扰时在株间作短距离飞行。交尾后多在叶脉附近产卵，单产或数粒聚集，平均每雌虫产卵约250粒。卵期3～11天。幼虫孵出后潜食叶肉。2龄后多在叶背取食，留下半透明的上表皮。3龄后食量大增，可将叶片咬成孔洞。严重时仅剩叶脉。幼虫很活跃，遇到惊扰即迅速扭动倒退，或吐丝下坠，但稍待静止片刻又沿线返回叶上继续取食。幼虫共4龄，发育历期12～27天。老熟幼虫多在叶片背面的叶脉附近结茧化蛹，也有的在落地的枯叶上化蛹。蛹期4～8天。成虫寿命11～28天。成虫有较强的趋光性，且要吸食花蜜补充营养。

4.防治妙招

（1）**农业防治**　合理布局，尽量避免十字花科蔬菜周年连作，是抑制虫害大发生的一项预防性措施。间种茄科作物有驱虫产卵作用。蔬菜采收后及时清除残株剩叶，可减少虫源。

（2）**物理防治**　在成虫发生盛期，每10×667平方米菜地面积设置1盏黑光灯，可诱杀大量小菜蛾成虫。

（3）**生物防治**　保护和助放天敌。主要天敌为菜蛾绒茧蜂、广赤眼蜂、微红绒茧蜂、凤蝶金小蜂等，天敌对压低小菜蛾自然种群数量具有显著的效果。

可用苏云金杆菌制剂Bt乳剂500～700倍液，或青虫菌6号

500～700倍液，或颗粒体病毒等生物制剂喷雾防治。或用雌性性外激素“顺-11-十六碳烯乙酸酯”或“顺-11-十六碳烯醛”诱杀雄蛾。或用20%的灭幼脲500～1000倍液，或5%抑太保（或农梦特、卡死克）2000倍液喷雾，对菜蛾都有较好的防治效果，而且持效期较长，应作为防治小菜蛾的主要药剂防治手段。

（4）**化学药剂防治** 可用5%锐劲特（氟虫腈）悬浮剂2000～3000倍液，或10%除尽（虫螨腈）悬浮剂2000～3000倍液，或20%溴灭菊酯乳油3000～4000倍液喷雾，均有较好的防治效果。

在胡萝卜菜青虫幼虫2龄前，及时用20%天达灭幼脲悬浮剂800倍液，或10%高效灭百可乳油1500倍液，或50%辛硫磷乳油1000倍液，或20%杀灭菊酯2000～3000倍液，或21%增效氰马乳油4000倍液，或90%敌百虫晶体1000倍液，或2.5%菜喜悬浮剂1000～1500倍液，或5%锐劲特悬浮剂2500倍液，或10%除尽悬浮剂2000～2500倍液，或24%美满悬浮剂2000～2500倍液，或40%新农宝乳油1000倍液，或3.5%锐丹乳油800～1500倍液，或20%斯代克悬浮剂2000倍液，或2.5%敌杀死乳油3000倍液，或2.5%保得乳油2000倍液，或10%歼灭乳油1500～2000倍液，或2.5%好乐士乳油2000～3000倍液，或2.5%大康乳油2000～3000倍液，或5.7%天王百树乳油1000～1500倍液，或25%广治乳油600～800倍液，或3.3%天丁乳油1000倍液，或52.25%农地乐乳油1000倍液等药剂均匀喷雾。以上药剂交替使用，可有效地控制胡萝卜菜青虫虫害的发生。

提示 由于小菜蛾的抗药性发展极快，导致不少地区已发现对拟除虫菊酯类和有机磷农药产生了抗性，因此应调整用药种类。在实施化学防治时要严格执行国家规定的农药使用安全间隔期。

二、胡萝卜金针虫

也叫叩头虫。幼虫体型长、略扁，体壁较硬，金黄或茶褐色并有光泽，故名金针虫；成虫头部能上下活动，似叩头状，因此俗称“叩头虫”。

1. 症状及快速鉴别

以幼虫长期生活在土壤中，幼虫能咬食刚播下的种子食害胚乳，不能发芽。如果已经出苗，可为害须根、主根和茎的地下部分，使幼苗枯死。主根受害时，为害部位不整齐（图2-25）。

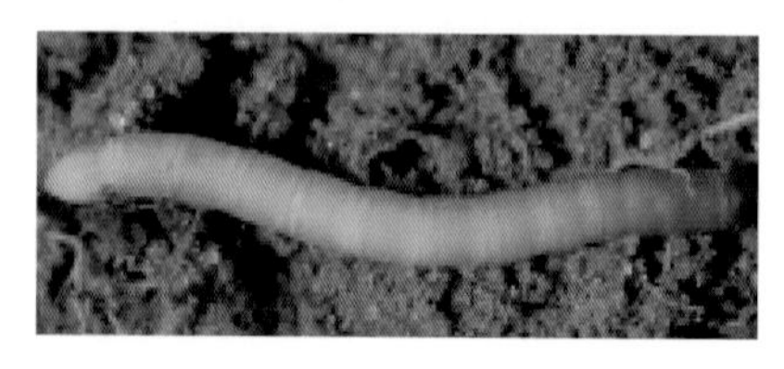

图2-25　胡萝卜金针虫地下为害

2. 形态特征

（1）成虫　和蛴螬的成虫同属鞘翅目，但它的个体窄长。体长8～9毫米，有的14～18毫米，依种类而异。体黑或黑褐色，头部生有1对触角，胸部着生3对细长的足，前胸腹板具1个突起，可纳入中胸腹板的沟穴中（图2-26）。

（2）幼虫　圆筒形，体表坚硬。初孵化时白色。随着生长发育变为蜡黄、金黄或茶褐色，有光泽。末端有两对附肢，体细长，13～20毫米，有的长2～3厘米。身体有同色细毛，3对胸足大小相同。根据种类不同，幼虫期1～3年（图2-26）。

（3）蛹　在土中的土室内蛹期大约3周。

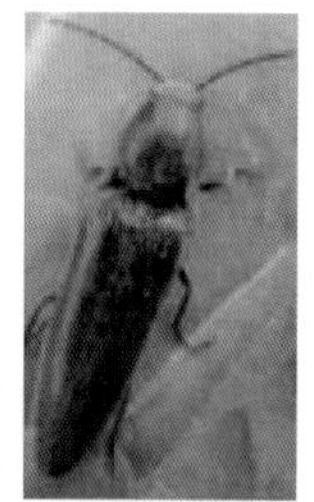

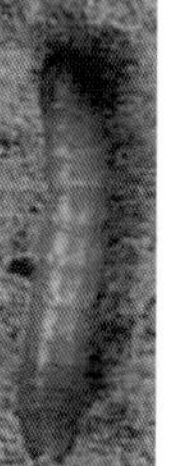
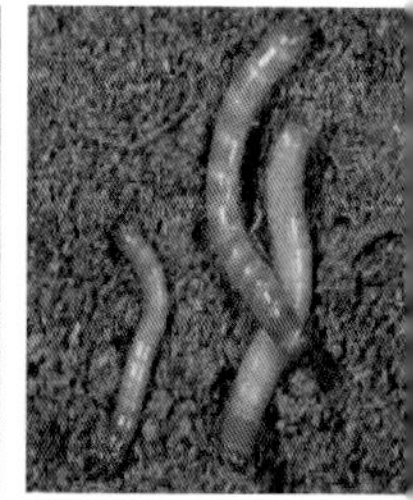

图2-26　胡萝卜金针虫成虫及幼虫

3. 生活习性及发生规律

金针虫的生活史很长，因不同种类而不同，常需3～5年才能完成1代。各代以幼虫或成虫在地下越冬，越冬深度约在20～85厘米之间。

4. 防治妙招

（1）土壤处理　可用48%地蛆灵乳油200毫升/667平方米，拌细土10千克撒在种植沟内。也可将农药与农家肥拌匀，一起施入。

（2）**药剂拌种**　播种前，种子可用50%辛硫磷，或48%地蛆灵等药剂进行拌种，比例为药剂：水：种子1：（30～40）：（400～500）。

（3）**施用毒土**　用48%的地蛆灵乳油200～250克/667平方米，或50%辛硫磷乳油200～250克/667平方米，加10倍水，喷在25～30千克细土上拌匀成毒土。顺垄条施，随即浅锄。也可用5%辛硫磷颗粒剂2.5～3千克/667平方米均匀土壤撒施。

三、胡萝卜斜纹夜蛾

也叫莲纹夜蛾、夜盗虫、乌头虫，属鳞翅目、夜蛾科、斜纹夜蛾属。是一种杂食性和暴食性害虫。

1.症状及快速鉴别

初龄幼虫啮食叶片下表皮及叶肉，仅留上表皮，呈透明斑。4龄以后进入暴食，咬食叶片仅留主脉（图2-27）。

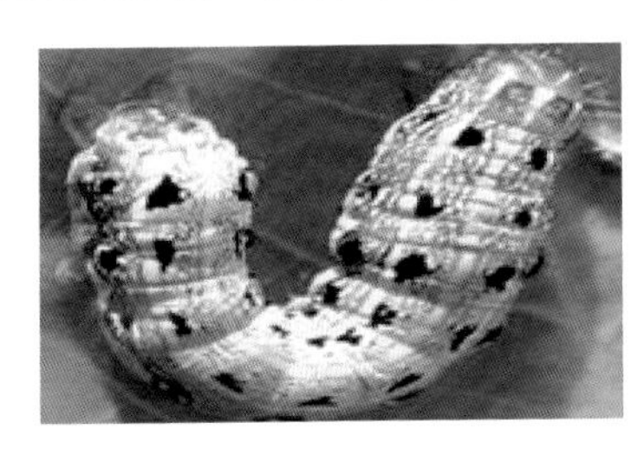
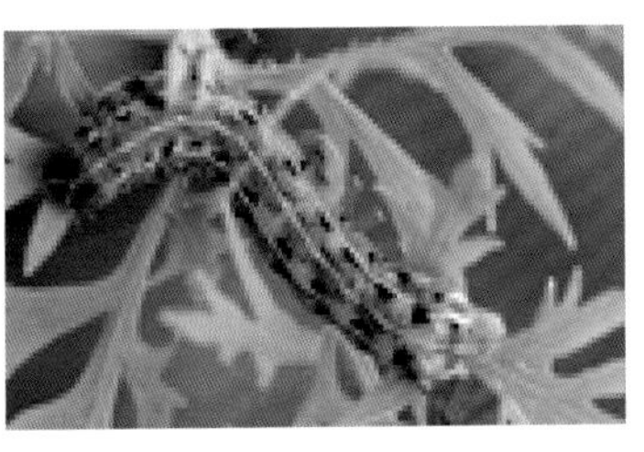

图2-27　胡萝卜斜纹夜蛾为害状

2.形态特征

（1）**成虫**　体长14～21毫米，翅展37～42毫米。体褐色，内横线和外横线灰白色，呈波浪形。前翅具许多斑纹，有白色条纹，环状纹不明显，肾状纹前部呈白色，后部呈黑色，环状纹和肾状纹之间有3条白线组成明显的较宽的斜纹，自翅基部向外缘还有1条白纹。中部有1条灰白色宽阔的斜纹，因此得名为斜纹夜蛾。后翅白色，外缘暗褐色（图2-28）。

（2）**卵**　呈扁平的半球形，直径约0.5毫米。初产时黄白色，孵化前呈紫黑色，表面有纵横脊纹。数十至上百粒集成卵块，外覆黄白色鳞毛（图2-28）。

（3）**幼虫**　老熟幼虫体长38～51毫米，夏秋虫口密度大时体瘦，黑褐或暗褐色。冬春数量少时体肥，淡黄绿或淡灰绿色（图2-28）。

（4）**蛹**　长18～20毫米，长卵形，红褐至黑褐色。腹末具发达的臀棘1对（图2-28）。

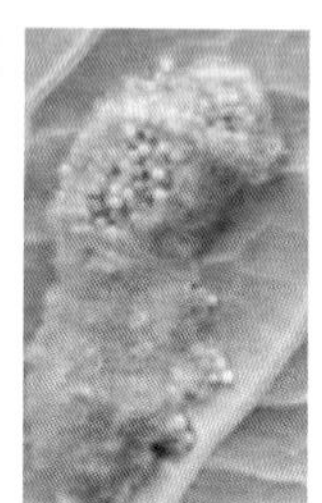
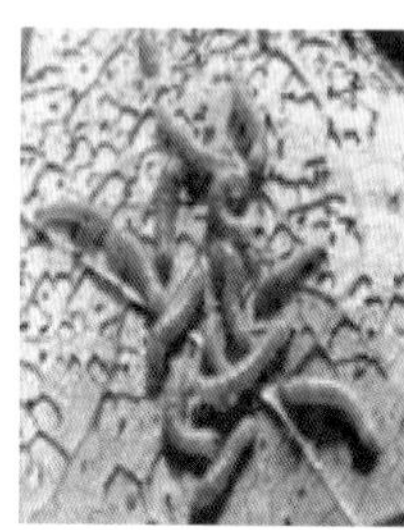
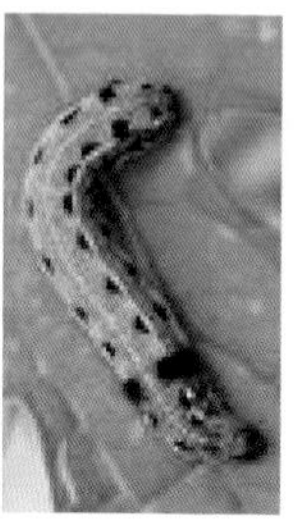
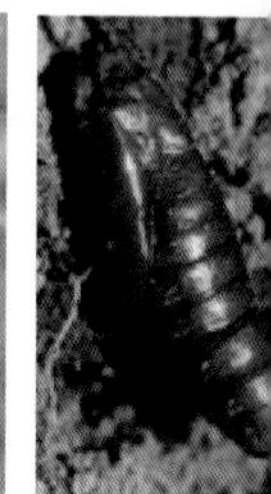

图2-28　胡萝卜斜纹夜蛾成虫、卵、幼虫及蛹

3. 生活习性及发生规律

我国从北至南，一年发生4（华北）～9（广东）代。以老熟幼虫或蛹在土中蛹室内越冬，少数以老熟幼虫在土缝、枯叶、杂草中越冬。南方冬季无休眠现象。发育最适温度为28～30℃，不耐低温，长江以北地区冬季害虫易被冻死，大都不能安全越冬。有长距离迁飞的能力，成虫具趋光和趋化性。卵多产于叶片背面。幼虫共6龄，有假死性。4龄后进入暴食期，猖獗时可吃尽大面积寄主植物的叶片，并可迁徙为害。

4. 防治妙招

（1）**农业防治**　清除杂草，保证在蔬菜生长期内田间无杂草。收获后翻耕晒土或灌水，破坏或恶化其化蛹场所，有助于减少虫源。结合栽培管理，摘除卵块和群集为害的初孵幼虫，减少虫源。

（2）**生物防治**　利用雌蛾在性成熟后释放出性信息素的化合物，专一性地吸引同种异性与之交配。可通过人工合成并在田间缓释化学信息素引诱雄蛾，并用特定物理结构的诱捕器捕杀害虫，从而降低雌雄交配，降低后代种群数量，达到防治的目的。不仅降低农药残留，延缓害虫对农药抗性的产生，同时也保护了自然环境中的天敌种群，达到农产品质量安全、低碳经济和生态建设的要求。

也可采用细菌杀虫剂，如国产的Bt乳剂，或青虫菌六号液剂，通常采用500～800倍液喷洒。也可用20%灭幼脲一号（或25%的灭幼脲三号）胶悬剂500～1000倍液，药剂作用缓慢，应提早喷洒。采用胶悬剂的剂型喷洒后，耐雨水冲刷，药效可维持15天以上。

保护和利用天敌。斜纹夜蛾的天敌种类较多，如瓢虫、蜘蛛、寄生蜂、病原菌及捕食性昆虫等。

（3）物理防治 病害不很严重时，可人工捕杀卵块和未扩散的初孵幼虫。

① 黑光灯诱蛾 利用成虫趋光性，在盛发期利用黑光灯对成虫进行诱杀。

② 糖醋诱杀 利用成虫的趋化性，配制糖醋液（糖：醋：酒：水=3：4：1：2），加少量敌百虫胃毒剂，诱杀成虫。

③ 柳枝诱杀 用带嫩叶的新鲜柳枝蘸500倍的敌百虫药液，诱杀成虫。

（4）药剂防治 尽量选择在低龄幼虫期防治，此时虫口密度小，为害小，且害虫的抗药性相对较弱。可用45%丙溴·辛硫磷1000倍液，或20%氰戊菊酯1500倍液＋5.7%甲维盐2000倍混合液，或40%啶虫·毒（必治）1500～2000倍液，或21%灭杀毙乳油6000～8000倍液，或50%氰戊菊酯乳油4000～6000倍液，或20%氰马或菊马乳油2000～3000倍液，或4.5%高效顺反氯氰菊酯乳油3000倍液，或2.5%功夫4000～5000倍液，或2.5%天王星乳油4000～5000倍液，或20%灭扫利乳油3000倍液，或80%敌敌畏100倍液，或2.5%灭幼脲，或25%马拉硫磷1000倍液，或5%卡死克2000～3000倍液，或5%农梦特2000～3000倍液等药剂喷雾，喷匀喷足。每隔7～10天喷1次，连续防治2～3次。交替、轮换用药，以延缓耐药性的产生。

在幼虫进入3龄暴食期前，可用斜纹夜蛾核型多角体病毒200亿个/克水分散粒剂12000～15000倍液进行喷雾，或45%辛硫磷乳油800倍液灌浇根部。

提示 害虫4龄后常夜出活动，施药时应在傍晚前后进行，效果较好。

四、胡萝卜赤条蝽

主要为害胡萝卜、茴香等伞形花科植物及萝卜、白菜、洋葱、葱等蔬菜，也可为害栎、榆、黄菠萝等以及防风、柴胡、白芷、北沙参等药物。

1.症状及快速鉴别

成虫、若虫为害，常栖息在寄主植物的叶片、花蕾及嫩荚上吸取汁液，造成植株生长衰弱，如果留种菜受害，可使种荚畸形、种子减产（图2-29）。

图2-29 胡萝卜赤条蝽为害

2.形态特征

（1）**成虫** 长椭圆形，体长10～12毫米，宽约7毫米，体表粗糙，有密集刻点。全体红褐色，有黑色条纹纵贯全长。头部有2条黑纹。触角5节，棕黑色，基部2节红黄色，喙黑色，基部隆起。前胸背板较宽大，两侧中间向外突，略似菱形，后缘平直，上有6条黑色纵纹，两侧的2条黑纹靠近边缘。小盾片宽大呈盾状，前缘平直，其上有4条黑纹，黑纹向后方略变细，两侧的2条位于小盾片边缘。体侧缘每节具黑、橙相间的斑纹。体腹面黄褐或橙红色，其上散生许多大黑斑。足黑色，有黄褐色斑纹（图2-30）。

（2）**卵** 长约1毫米，桶形，初期乳白色，后变为浅黄褐色，卵壳上被白色绒毛。

（3）**若虫** 末龄若虫体长8～10毫米，体红褐色，有纵条纹，外形似成虫。无翅，仅有翅芽，翅芽达腹部第三节，侧缘黑色，各节有橙红色斑。成虫及若虫的臭腺发达，遇敌时即放出臭气（图2-30）。

 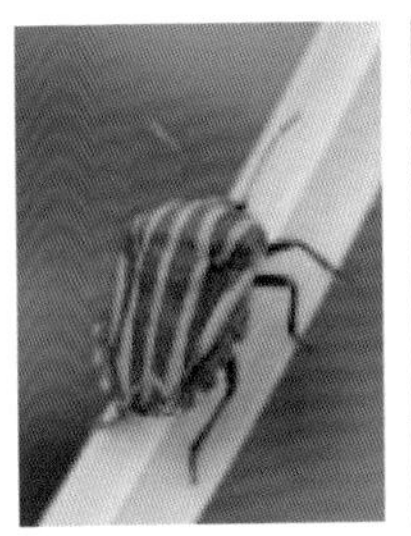 

图2-30　胡萝卜赤条蝽成虫及若虫

3.生活习性及发生规律

在我国各地均有发生，一年发生1代。以成虫在田间枯枝落叶、杂草丛中、石块下、土缝里越冬。在江西4月中、下旬越冬成虫开始活动，5月上旬～7月下旬成虫交配并产卵，6月上旬～8月中旬越冬成虫陆续死亡。若虫在5月中旬～8月上旬出现，6月下旬成虫开始羽化在寄主上为害，8月下旬～10月中旬陆续进入越冬状态。成虫白天活动，多产卵在叶片和嫩荚上。卵成块，每块卵约10粒，一般排列2行。若虫共5龄，初孵若虫群集在卵壳附近，2龄以后分散。卵期9～13天，若虫期约40天，成虫期约300天。

4.防治妙招

（1）**清洁田园，减少虫源**　收获后彻底清除残株落叶，铲除杂草，可有效减少虫源，减轻为害。

（2）**药剂防治**　准确掌握当地害虫卵孵化盛期，成虫和若虫为害盛期可用2.5%溴氰菊酯乳油2000倍液，或1.8%阿维菌素乳油2000倍液，或90%晶体敌百虫1000～1500倍液，或50%辛硫磷乳油1000～1500倍液，或50%马拉硫磷乳油1000～1500倍液等药剂喷雾。在发生高峰期，5～7天喷1次，连续防治2～3次。收获前7天停止用药。

五、胡萝卜微管蚜

属同翅目、蚜科，是胡萝卜常见的虫害，分布广泛，为害严重，一般导致减产20%～40%。

1. 症状及快速鉴别

成、若蚜刺吸茎、叶、花的汁液，导致叶片卷缩，造成植株生长不良或枯萎死亡（图2-31）。

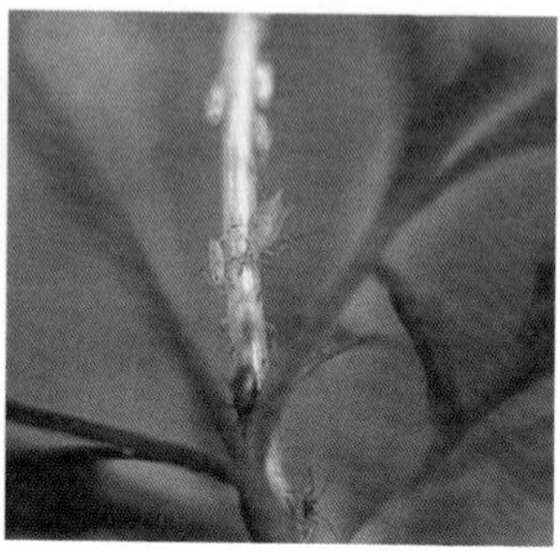

图2-31　胡萝卜微管蚜为害状

2. 形态特征

形态特征见图2-32。分为有翅蚜和无翅蚜。

（1）**有翅蚜**　体长1.5～1.8毫米，宽0.6～0.8毫米。黄绿色，有薄粉。头、胸黑色，腹部淡色。翅脉正常。

（2）**无翅蚜**　体长2.1毫米，宽1.1毫米。黄绿至土黄色，有薄粉。头部灰黑色，胸、腹部淡色。触角有瓦纹。腹管光滑，短而弯曲，其他特征与有翅蚜相似。

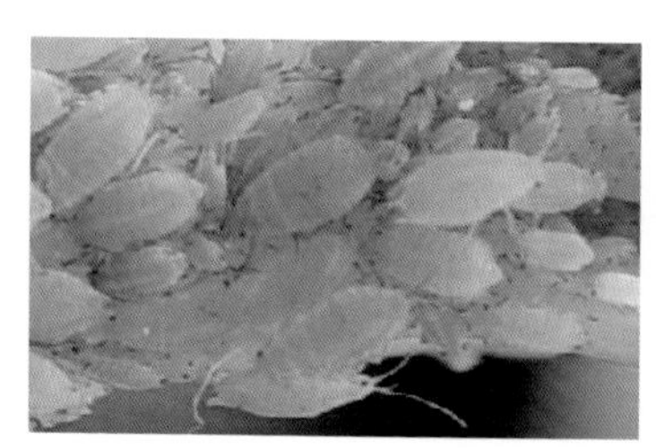

图2-32　胡萝卜微管蚜

3. 生活习性及发生规律

一年发生10～20代。以卵在忍冬属植物金银花等枝条上越冬，翌年3月中旬～4月上旬越冬卵孵化，4～5月间严重为害芹菜和忍冬属植物，5～7月间迁移至伞形花科蔬菜和中草药如当归、防风、白芷等药用植物上严重为害，10月间产生有翅性蚜和雄蚜，由伞形花科植物向忍冬属植物上迁飞，10～11月雌、雄蚜交配产卵越冬。

4.防治妙招

（1）**药剂喷雾防治**　防治时应早期进行，一般在为害卷叶前喷药效果好。可用10%吡虫啉可湿性粉剂1500倍液，或5%虫螨克1500倍液，或50%辛硫磷乳油1000倍液，或50%抗蚜威可湿性粉剂2000倍液，或50%马拉硫磷乳剂1000倍液，或2.5%鱼藤精乳剂600～800倍液，或2.5%溴氰菊酯乳油、20%速灭杀丁乳油，均为2500～3000倍液喷雾。早春可在越冬蚜虫较多的越冬蔬菜或附近其他蔬菜上施药，防止有翅蚜迁飞扩散。采收前7天停止用药。

（2）**施烟雾剂**　如果棚室保护地栽培发生蚜虫为害，除用上述药剂喷雾外，还可用烟雾剂4号（15%异丙威烟雾剂）350～400克/667平方米熏烟防治，效果良好。

（3）**生物防治**　4～5月份菜田各种肉食瓢虫、食蚜蝇和草蛉很多，可用网捕的方法移植到蚜虫较多的菜田。也可在蚜虫越冬寄主附近种植覆盖作物，增加天敌活动场所，或栽培一定量的开花植物，为天敌提供转移寄主。

六、胡萝卜小卷叶蛾

1.症状及快速鉴别

啃食胡萝卜的新芽，或钻入生长点为害。为害后能使幼嫩的植株枯萎，成长的植株腋芽丛生，严重影响地下部的生长（图2-33）。

图2-33　胡萝卜小卷叶蛾为害状

2.形态特征

（1）**成虫**　黄褐色，触角丝状，前翅略呈长方形，翅面上常有数条暗褐色细横纹。后翅淡黄褐色微灰。腹部淡黄褐色，背面色暗（图2-34）。

（2）**卵**　扁平椭圆形，淡黄色半透明，孵化前黑褐色。

（3）**幼虫**　细长翠绿色，头小淡黄白色（图2-34）。

（4）**蛹**　较细长，初为绿色，后变为黄褐色。

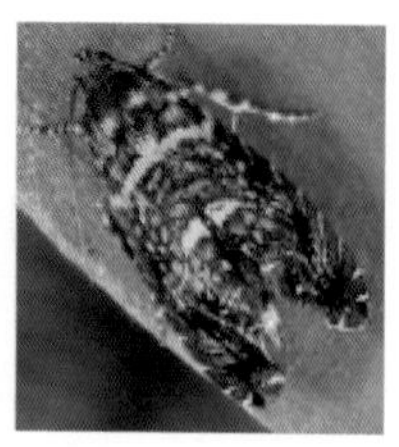

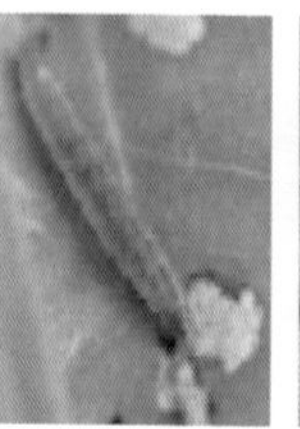
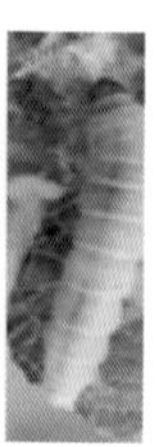

图2-34　胡萝卜小卷叶蛾成虫及幼虫

3.生活习性及发生规律

一年发生5代。成虫发生期4～9月，卵单粒散产于地面。发生量因年度间的不同情况有很大的差异。一般7～8月温度较高的年份发生量大。寒冷地区不发生。一般夏播胡萝卜为害较重。

4.防治妙招

（1）**清洁田园，减少虫源**　蔬菜收获后彻底清除残株落叶，铲除杂草，可有效减少虫源，减轻为害。

（2）**药剂防治**　可用50%辛硫磷乳油1000倍液，或90%晶体敌百虫1000倍液等药剂进行灌根处理。

七、胡萝卜猿叶虫

主要为害十字花科蔬菜，以萝卜、白菜、芥菜、油菜、芜菁等为害最为严重，甘蓝、花椰菜受害较轻，可偶然为害洋葱和胡萝卜等。

1.症状及快速鉴别

成虫和幼虫均为害叶片。成虫将叶片咬成孔洞或缺刻，为害严重时造成叶片千疮百孔，仅剩叶脉，留下较多的虫粪（图2-35）。

图2-35　胡萝卜猿叶虫为害状

2.形态特征

（1）成虫　长3～4毫米，椭圆形，蓝黑色，有光泽（图2-36）。

（2）幼虫　长7～7.5毫米，灰黄或黄绿色，头黑色（图2-36）。

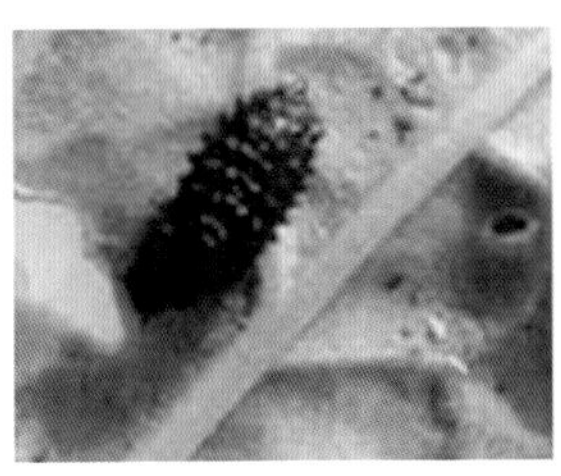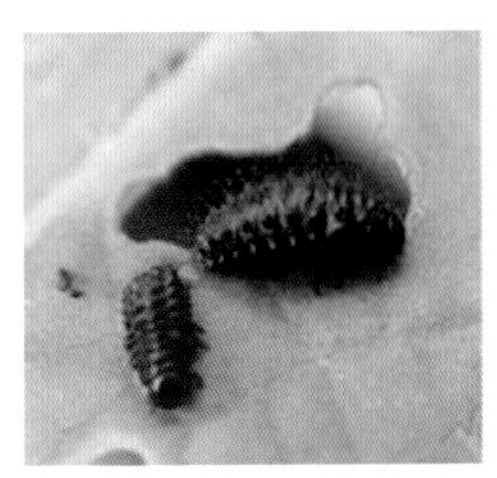

图2-36　胡萝卜猿叶虫成虫及幼虫

3.生活习性及发生规律

在北方一年发生2代，长江流域2～3代，广西5～6代。各地均以成虫越冬。越冬场所多在土内、石块下、枯叶中，其中以5厘米深的土层内虫量较大。翌年3～4月间越冬成虫出土活动、为害、交配产卵。成虫多在夜间羽化，成虫出土后地面呈现明显的小孔，羽化后第二天交配，1次交配可持续10多个小时，其间虽有间歇，但雌虫始终背负雄虫活动。交配后当天即可产卵，卵多产于土块下，少数产在细土上，一般不产在茎叶上。卵成堆，每堆有卵28～32粒，雌虫产卵期约延续30天，每头雌虫平均一生产卵400～850粒。成虫白天活动，晴天更活跃，早、晚均隐蔽，无趋光性，有假死性，受惊动后可缩足坠地。幼虫喜在心叶里取食，昼夜为害，有假死性，受惊坠地，有时分泌黄绿色液体。

4.防治妙招

（1）**清洁田园**　蔬菜收获后清洁田间残株、落叶及杂草，集中烧毁或深埋，消灭越冬或越夏的害虫，减少田间虫源。

（2）**人工捕杀**　利用成虫或幼虫均有假死性，可人工振动菜株，振落害虫，集中消灭。

（3）**诱杀**　越冬前在田间或田边堆草，诱集成虫进入越冬，然后集中消灭。

（4）**药剂防治**　可用5%锐劲特（氟虫腈）悬浮剂2000～3000倍液，或10%除尽（虫螨腈）悬浮剂2000～3000倍液，或20%溴灭菊酯乳油3000～4000倍液等药剂均匀喷雾，均有较好的防治效果。

八、胡萝卜根蛆

包括种蝇、萝卜蝇、小萝卜蝇等。

图2-37　胡萝卜根蛆为害状

1.症状及快速鉴别

幼虫蛀食萌动的种子或幼苗的地下组织，导致腐烂死亡（图2-37）。

2.形态特征

（1）**成虫**　雌、雄之间除生殖器官不同外，头部也有明显区别，雄蝇两复眼之间距离很近，雌蝇两复眼之间距离较远（图2-38）。

（2）**卵**　乳白色，长椭圆形。

（3）**幼虫**　小蛆状，尾部钝圆，呈乳白色（图2-38）。

（4）**蛹**　为围蛹，红褐或黄褐色，长5～6毫米（图2-38）。

图2-38　胡萝卜根蛆成虫、幼虫及蛹

3.生活习性及发生规律

种蝇以老熟幼虫在被害植物根部化蛹越冬，萝卜蝇是以蛹在菜根附近的浅土层中越冬，小萝卜蝇以蛹在土中越冬。

种蝇是以孵化的幼虫钻入蔬菜幼茎为害，萝卜蝇是从叶柄基部钻入为害，小萝卜蝇是以幼虫从心叶及嫩茎钻入根茎内部为害。

种蝇成虫喜聚在臭味重的粪堆上，早晚和夜间凉爽时躲在土缝中。萝卜蝇的成虫不喜日光，喜在荫蔽潮湿的地方活动，通风和强光时多在叶背和根周围背阴处。成虫活跃易动，春季发生数量多。

4. 防治妙招

（1）**提早翻耕**　在土地开冻后及时进行翻耕。

（2）**合理施肥**　禁止使用生粪，施用充分腐熟的粪肥和饼肥。施肥时做到均匀、深施，最好作底肥，要种、肥隔离，或在施肥后立即覆土；或在施入的粪肥中拌入一定量的具有触杀和熏蒸作用的杀虫剂作成毒粪。作物生长期内不追施稀粪肥。

（3）**科学灌水**　浇水播种时覆土要细致，不使湿土外露。发现种蝇幼虫为害时及时进行大水漫灌数次，可有效控制蛆害。

（4）**清洁田园**　收获后及时清除田间残株落叶，特别是腐烂的茎叶，减少虫源。

（5）**药剂防治**　根蛆成虫发生期可用2.5%敌杀死乳油3000倍液喷施，隔7天喷1次，连喷2～3次。幼虫发生期可用40%辛硫磷1升/667平方米，随着浇水进行灌根。

九、胡萝卜根结线虫病

1. 症状及快速鉴别

发病轻时地上部无明显症状。发病重时，拔起植株可见肉质根变小、畸形，须根很多，须根上有许多葫芦状根结。根部发病后，直根上散生许多半圆形膨大的瘤，瘤初为白色，后变为褐色，多产生在近地面5厘米处。直根呈叉状分支。侧根上多产生结节状、不规则的圆形虫瘿（图2-39）。

地上部表现生长不良、矮小，黄化、萎蔫，似缺肥缺水或枯萎病症状。严重时可导致植株枯死。

2. 种类及形态特征

（1）**北方根结线虫**　分布在7月份平均温度26.7℃的等温线以北。幼虫的平均长度为0.43毫米，近圆形。

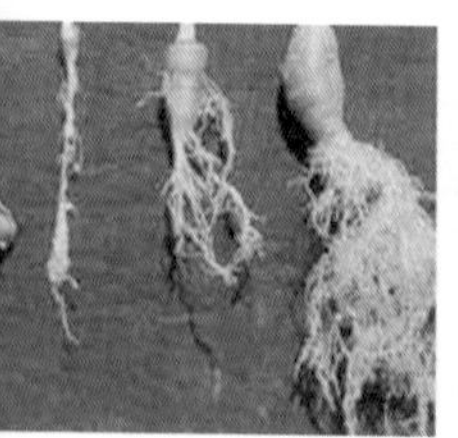
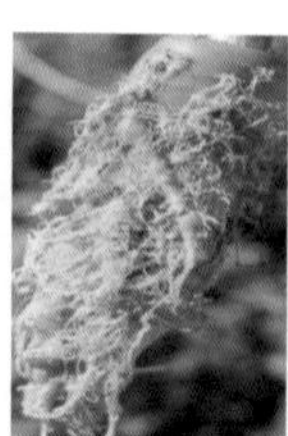

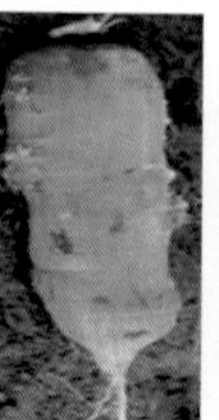

图2-39　胡萝卜根结线虫病为害状

（2）**南方根结线虫**　雌雄异型，幼虫呈长蠕虫状。雄成虫线状，无色透明。雌成虫乳白色、梨形，每头可产卵300～800粒，多埋藏于寄主组织内（图2-40）。

（3）**花生根结线虫**　体长0.47毫米，比南方根结线虫长0.1毫米。

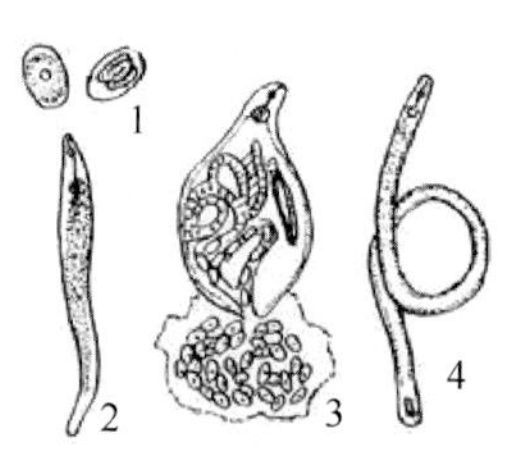

图2-40　胡萝卜南方根结线虫

1—卵；2—幼虫；3—雌虫；4—雄虫

3. 生活习性及发生规律

根结线虫多以卵或2龄幼虫随病残体遗留在5～30厘米土层中生存1～3年，以幼虫在土中或以幼虫及雌成虫在寄主体内越冬。病土、病苗及灌溉水是主要的传播途径。条件适宜时，翌年春季越冬卵孵化为幼虫。继续发育后侵入根部，刺激根部细胞增生，产生新的根结或肿瘤。田间发病的初始虫源主要是病土或病苗。雨季有利于线虫的孵化和侵染。但在干燥或过湿的土壤中根结线虫活动会受到抑制。

在棚室中单一种植几年胡萝卜后，会引起植株抗性衰退，根结线虫得到积累。土壤湿度等条件适合蔬菜生长的同时，也很适合根结线虫的活动。沙性土壤为害重。pH值为4～8的土壤环境有利于发病。

4.防治妙招

（1）**合理轮作**　在根结线虫发生严重的田块，实行2～5年的轮作，可收到理想的防治效果。此外芹菜、黄瓜、番茄是高感病蔬菜类，大葱、韭菜、辣椒是抗、耐病强的蔬菜类，严重的病田种植抗、耐病强的蔬菜可减少损失，降低土壤中的线虫量，避免或减轻下茬作物的受害。

（2）**清园深翻**　病田彻底处理病残体，集中烧毁或深埋。根结线虫多分布在3～9厘米深的表土层中，土壤深翻可减轻为害。

（3）**水淹法**　有条件的地区对地表10厘米或更深土层淤灌几个月，可在多种蔬菜上起到防止根结线虫侵染、繁殖和增长的作用，根结线虫即使未死亡也不能再进行侵染。

（4）**土壤处理**　在整地时可用5%丁硫克百威颗粒剂5～7千克/667平方米，或35%威百水剂4～6千克/667平方米，或10%噻唑磷颗粒剂2～5千克/667平方米，或98%棉隆微粒剂3～5千克/667平方米，或3.2%阿维·辛硫磷颗粒剂4～6千克/667平方米，或5%硫线磷颗粒剂2～3千克/667平方米，或5亿活孢子龟淡紫拟青霉颗粒剂3～5千克/667平方米等药剂喷淋土壤。

（5）**加强田间管理**　合理施肥或灌水，增强寄主抵抗力。

（6）**药剂防治**　在生长过程中发病可用40%灭线磷乳油1000倍液，或1.8%阿维菌素乳油1000倍液进行灌根，每株灌250毫升。视病情为害程度每隔7～10天用药1次，能有效地控制根结线虫病的发生与为害。

第三章
马铃薯病虫害快速鉴别与防治

第一节　马铃薯主要病害快速鉴别与防治

马铃薯（图3-1）也叫地蛋、土豆、洋山芋等，为茄科多年生草本植物，块茎可供食用。

马铃薯块茎含有大量的淀粉，是食用马铃薯的主要能量来源。一般马铃薯早熟品种含11%～14%的淀粉，中晚熟品种含有14%～20%的淀粉，高淀粉品种的块茎可达25%以上。块茎还含有葡萄糖、果糖和蔗糖等。马铃薯含有约2%的蛋白质，薯干中蛋白质含量为8%～9%。块茎还含有多种维生素，特别是维生素C，还含有维生素A、维生素B_1、维生素B_2、维生素B_3、维生素E、维生素B_6等。此外，块茎中还含有矿物质元素，如钙、磷、铁、钾、钠、锌、锰等。

图3-1　马铃薯

一、马铃薯小叶病

是马铃薯常见的病害之一，分布广泛，在全国各大种植区均有发生。主要为害马铃薯叶片，导致叶片皱缩枯死，影响光合作用。

1.症状及快速鉴别

多在马铃薯叶片发芽生长初期发生。主要为害叶片。发芽后生长初期即显症明显，间或黄绿相间斑驳花叶，严重时叶片皱缩，全株矮化，有时伴有叶脉透明。由植株心叶长出的复叶开始变小，与下位叶差异明显。新长出的叶柄向上直立，小叶常呈畸形，叶面粗糙。

多表现为卷叶、坏死、黄绿相间斑驳花叶等类型（图3-2）。

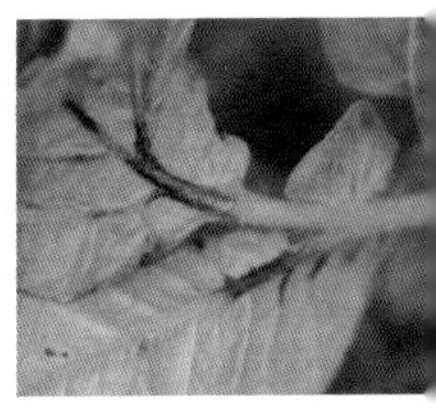

图3-2　马铃薯小叶病

2.病原及发病规律

病毒种类较多，包括马铃薯M病毒、马铃薯X病毒、马铃薯S病毒、马铃薯A病毒、马铃薯Y病毒、TMV病毒、马铃薯卷叶病毒等，主要是马铃薯M病毒。

（1）马铃薯M病毒（PVM） 引起马铃薯黄绿相间的斑驳花叶，严重时叶片皱缩，全株矮化，有时伴有叶脉透明。

① 坏死型　叶、叶脉、叶柄及枝条、茎部都可出现褐色的坏死斑，病斑逐渐发展连接成坏死条斑，严重时全叶枯死或萎蔫脱落。

② 卷叶型　叶片沿主脉或自边缘向内翻转，变硬革质化，严重时每张小叶呈筒状。此外还有复合侵染，导致马铃薯发生条斑坏死。

主要借助汁液摩擦传毒，桃蚜能进行非持久性传毒。另外鼠李蚜、马铃薯长管蚜也能传毒。田间管理条件差，蚜虫发生量大，发病重。种植经组织培养的脱毒苗的田块发病轻或不发病。

（2）马铃薯X病毒（PVX） 引起轻花叶症，有时产生斑驳或环斑。寄主范围广，系统侵染的主要是茄科植物。病毒钝化温度68～75℃，在体外可存活1年以上。

（3）**马铃薯S病毒（PVS）** 引起轻度皱缩、花叶或不显症。病毒寄主范围较窄，系统侵染的植物仅限于茄科的少数植物。病毒钝化温度55～60℃，体外存活期3～4天。

（4）**马铃薯A病毒（PVA）** 引起轻花叶或不显症。病毒寄主范围较窄，仅侵染茄科少数植物。病毒钝化温度44～52℃，体外存活期12～18小时。

（5）**马铃薯Y病毒（PVY）** 引起严重花叶，产生坏死斑和坏死条斑。病毒寄主范围较广，可侵染茄科多种植物。病毒钝化温度52～62℃，体外存活期1～2天。

（6）**马铃薯卷叶病毒（PLRV）** 病毒钝化温度70℃，体外存活期12～24小时。2℃低温下可存活4天。

此外，TMV病毒也可侵染马铃薯。

以上几种病毒除马铃薯X病毒外，都可通过蚜虫及汁液摩擦传毒。田间管理条件差，天气干旱，蚜虫发生量大，发病重。此外25℃以上高温会降低寄主对病毒的抵抗力，也有利于传毒媒介蚜虫的繁殖、迁飞或传病，从而有利于病毒病的扩展，加重受害程度。因此一般冷凉山区栽植的马铃薯发病轻。品种抗病性及栽培措施都会影响病害的发生及为害程度。

提示 病害多发生在农户自行留种的田块，经过组织培养脱毒的田块发病少或不发病。

3.防治妙招

（1）**采用无毒种薯** 各地要建立无毒种薯繁育基地，原种田应设在高纬度或高海拔地区，并通过各种检测方法淘汰除病薯。推广采用茎尖组织培养脱毒种薯，确保无毒种薯种植。生产田还可通过二季作或夏播等栽培措施获得种薯。

（2）**培育或利用抗病或耐病品种** 在条斑花叶病及普通花叶病严重的地区，可选用白头翁、丰收白、疫不加、郑薯4号、乌盟601、陇薯161-2、东农303、东农304、鄂马铃薯1号、鄂马铃薯2号、克新1号、克新4号和广红二号等抗、耐病性强的优良品种。

（3）**出苗前后及时防治蚜虫**　尤其靠蚜虫进行非持久性传毒的更要及时防治。在出苗前后及时防治蚜虫，可用高效低毒的吡虫啉500～1000倍液，或10%蚜虱净（或大功臣、千红）可湿性粉剂1500倍液等药剂进行喷雾防治。

（4）**改进栽培措施**　留种田远离茄科菜地，及早拔除病株。实行精细整地，精耕细作，高垄或高埂栽培，及时培土。施足有机底肥，避免偏施过施氮肥，增施磷、钾肥。注意生长期及时中耕除草和培土。适时浇水，控制秋水，严防大水漫灌。

（5）**药剂防病**　发病初期可喷洒抗毒丰（0.5%菇类蛋白多糖水剂）300倍液，或20%病毒A可湿性粉剂500倍液，或5%菌毒清水剂500倍液，或1.5%植病灵乳剂1000倍液，或15%病毒必克可湿性粉剂500～700倍液，或2%菌克毒克水剂200～250倍液，或20%康润1号可湿性粉剂500倍液，或1.5%植病灵乳剂800倍液等抗病毒药剂，均匀喷雾。

二、马铃薯炭疽病

1.症状及快速鉴别

症状见图3-3。

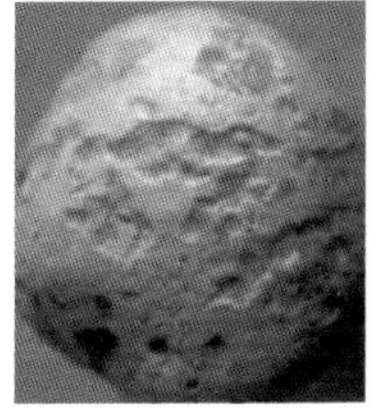
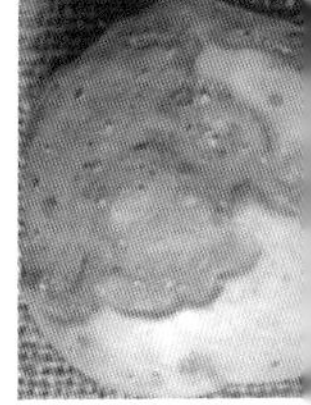

图3-3　马铃薯炭疽病

染病后早期叶色变淡，顶端叶片稍反卷，后全株萎蔫，变褐枯死。

地下根部染病，从地面至薯块的皮层组织腐朽，易剥落，侧根局部变褐，须很坏死，病株易拔出。

茎部染病，产生许多灰色小粒点，茎基部空腔内长出很多黑色粒状菌核。

2. 病原及发病规律

为球炭疽菌，属半知菌亚门真菌。

在寄主上形成球形至不规则形黑色菌核。分生孢子盘黑褐色，聚生在菌核上，刚毛黑褐色较硬，顶端较尖，有隔膜1～3个，聚生在分生孢子盘中央。分生孢子梗圆筒形，有时稍弯，或有分支，偶生隔膜，无色或浅褐色。分生孢子圆柱形，单胞无色，内含物颗粒状。在培养基上生长适温25～32℃，最高34℃，最低6～7℃。

主要以菌丝体在种子中或病残体上越冬。翌年春季产生分生孢子，借雨水飞溅传播蔓延。孢子萌发产生出芽管，经伤口或直接侵入。生长后期病斑上产生的粉红色黏稠物内含大量的分生孢子，通过雨水溅射传到健薯上进行再侵染。高温、高湿条件下发病重。

3. 防治妙招

（1）**清园灭菌**　收获后及时清除田间病株残体，带出菜园外集中销毁或深埋；同时清除病株后撒生石灰消毒，深翻土地，消灭或减少菌源。

（2）**生态防治**　维持创造良好的适合作物生长而不利于病害发展的环境条件，尤其要避免高温、高湿条件出现。

（3）**药剂防治**　发病初期开始喷洒25%嘧菌酯悬浮剂1500倍液，或50%翠贝干悬浮剂3000倍液，或60%百泰可分散粒剂1500倍液，或70%甲基托布津可湿性粉剂800倍液，或50%多菌灵可湿性粉剂800倍液，或80%炭疽福美可湿性粉剂800倍液等药剂。

提示　上述药剂交替使用，与天达2116混配，防治效果更佳。

三、马铃薯青枯病

也叫洋芋瘟、马铃薯细菌性枯萎病。青枯病、环腐病、黑胫病为马铃薯三大细菌性病害。

1. 症状及快速鉴别

症状见图3-4。

病株稍矮缩，叶片浅绿或苍绿色，下部叶片先萎蔫，后全株下垂。开始时早晚尚能恢复，持续4～5天后全株茎叶萎蔫死亡，但仍保持青绿色，叶片不凋落，叶脉褐变，茎出现褐色条纹，横剖可见维管束变褐。湿度大时切面有菌液溢出。

块茎染病后，为害轻时症状不明显。为害重时脐部呈灰褐色、水浸状，切开薯块维管束圈变褐。挤压时溢出白色黏液，但皮肉不从维管束处分离。严重时外皮龟裂，髓部溃烂如泥，可区别于枯萎病。

图3-4　马铃薯青枯病

2.病原及发病规律

为青枯假单胞菌，属细菌。菌体短杆状，单细胞，两端圆，单生或双生，极生1～3根鞭毛。菌落圆形或不整形，污白色或暗色至黑褐色，稍隆起，平滑具亮光，革兰氏染色阴性。

病菌随病残组织在土壤中越冬，侵入薯块的病菌在窖里越冬。无寄主时可在土中腐生14个月至6年。病菌通过灌溉水或雨水传播，从茎基部或根部伤口侵入，也可透过导管进入相邻的薄壁细胞，导致茎部出现不规则的水浸状斑。

青枯病是典型的维管束病害，病菌侵入维管束后迅速繁殖，并堵塞导管，妨碍水分运输导致萎蔫。病菌在10～40℃均可发育，最适30～37℃。适宜的pH值6～8，最适pH值6.6。一般酸性土壤发病重。田间土壤含水量高、连阴雨或大雨后转晴，气温急剧升高，发病重。

3.防治妙招

（1）**合理轮作** 实行与十字花科或禾本科作物4～6年的轮作，最好与禾本科进行水旱轮作。

（2）**选用抗青枯病的优良品种** 各地可因地制宜地选用适合本地抗、耐病性强的优良品种，如新芋4号。

（3）**加强栽培管理** 选择无病地育苗，采用高畦栽培。采用配方施肥，施用充分腐熟的有机肥或草木灰，也可喷施植宝素7500倍液，或爱多收6000倍液。酸性土壤每667平方米可施石灰100～150千克，调节土壤的pH值。合理灌水，避免大水漫灌，防止湿气滞留。

（4）**清园灭菌** 收获后及时清除田间病株残体，带出菜园外集中销毁或深埋。同时，清除病株后撒生石灰消毒。深翻土地，消灭或减少菌源。

（5）**药剂防治** 可在发病初期用72%农用硫酸链霉素可溶性粉剂4000倍液，或农抗“401”500倍液，或25%络氨铜水剂500倍液，或77%可杀得可湿性微粒粉剂400～500倍液，或50%百菌通可湿性粉剂400倍液，或12%绿乳铜乳油600倍液，或47%加瑞农可湿性粉剂700倍液等药剂进行灌根。每株灌兑好的药液0.3～0.5升，每隔约10天浇灌1次，连续灌根2～3次。

四、马铃薯尾孢菌叶斑病

1.症状及快速鉴别

主要为害叶片和地上部茎，地下块茎不发病。

叶片染病，初产生黄色至浅褐色、圆形病斑，扩展后为黄褐色、不规则病斑，有的叶片病斑不太明显。潮湿条件下叶背出现致密的灰色霉层，即病原菌的分生孢子梗和分生孢子（图3-5）。

2.病原及发病规律

为绒层尾孢菌，属半知菌亚门真菌。

图3-5　马铃薯尾孢菌叶斑病

子座上密生多分支的分生孢子梗，屈膝状，具分隔0～6个。分生孢子近无色或浅褐色，圆筒形或倒棍棒形，直或略弯，两端钝圆，长度变化较大。

病菌以菌丝体和分生孢子在病残体中越冬，成为翌年的初侵染源。生长季节为害叶片，经分生孢子多次再侵染，病原菌大量积累，遇有适宜条件即可造成病害流行。

高温、高湿条件有利于病害的发生和流行，尤以秋季多雨及连作地发病重。

3. 防治妙招

（1）**深耕轮作**　发病地收获后进行深耕，有条件的实行轮作，有利于减少病源菌。

（2）**药剂防治**　发病初期可喷洒50%多霉威（多菌灵加万霉灵）可湿性粉剂1000～1500倍液，或75%百菌清可湿性粉剂600倍液，或50%混杀硫悬浮剂500～600倍液，或30%碱式硫酸铜悬浮剂400倍液，或1∶1∶200倍式波尔多液等药剂均匀喷雾。每隔7～10天喷1次，连续防治2～3次。

五、马铃薯黄萎病

也叫马铃薯早死病或早熟病。

1. 症状及快速鉴别

主要为害叶片、根茎及块茎（图3-6）。

叶片发病初期，由叶尖沿叶缘变黄，从叶脉向内黄化，后由黄变褐干枯，但不卷曲，直至全部复叶枯死也不脱落。

图3-6　马铃薯黄萎病

根茎染病，初期症状不明显。当叶片黄化后剖开根茎处，维管束已经发生褐变，后地上茎的维管束也变成褐色。

块茎染病，始于脐部，维管束变浅褐至褐色。纵切病薯可见“八”字半圆形变色环。

2. 病原及发病规律

为大丽轮枝菌，属半知菌亚门真菌。菌丝无色，老熟后褐色，有分隔和分支。分生孢子梗基部始终透明，孢子梗上每轮具2～4根小枝，每小枝上顶生1个或多个分生孢子。分生孢子长卵圆形，单胞无色，能形成微菌核。

是典型的土传维管束萎蔫病害。病菌以微菌核在土壤中、病残秸秆及薯块上越冬。翌年种植带菌的马铃薯即可引发病害。病菌在体内蔓延，在维管束内繁殖，并扩展到枝叶，病害在当年不再进行重复侵染。

病菌发育适温19～24℃，最高30℃，最低5℃，菌丝、菌核60℃经10分钟致死。一般气温低时种薯块伤口愈合慢，有利于病菌由伤口侵入。从播种到开花日均温低于15℃，持续时间长，发病早且重；此期间气候温暖，雨水调和，病害明显减轻。地势低洼、施用未充分腐熟的有机肥，灌水不当及连作地发病重。

3. 防治妙招

（1）选育抗病品种　各地可因地制宜地选用适合本地抗、耐病性强的优良品种，如国外的阿尔费、迪辛里、斯巴恩特、贝雷克等优良品种较耐病。

（2）合理施肥　施用酵素菌沤制的堆肥或充分腐熟的优质有机肥。

（3）种子处理　播种前种薯用0.2%种薯重量的50%多菌灵可湿性粉剂浸种1小时，可杀灭病菌。

（4）合理轮作　与非茄科作物实行4年以上的轮作。

（5）药剂防治　发病重的地区或田块，每667平方米用50%多菌灵2千克进行土壤消毒。

发病初期可用50%多菌灵可湿性粉剂600～700倍液，或50%苯菌灵可湿性粉剂1000倍液等药剂喷雾。此外，也可浇灌50%琥胶肥酸铜可湿性粉剂350倍液，每株灌兑好的药液0.5升，或用12.5%增效多菌灵浓可溶剂200～300倍液，每株浇灌100毫升。每隔10天浇灌1次，灌1～2次。

六、马铃薯枯萎病

是马铃薯的一种土传性真菌病害，分布广泛，全国各马铃薯种植区普遍发生和为害，还可侵染番茄、甜瓜、草莓等。

1.症状及快速鉴别

初在地上部出现萎蔫。剖开病茎薯块维管束变褐。湿度大时病部常产生白色至粉红色菌丝（图3-7）。

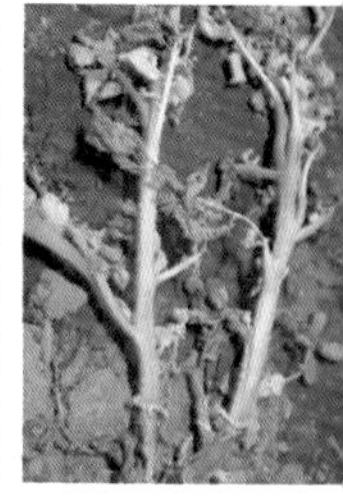

图3-7　马铃薯枯萎病地上部及根部发病症状

2.病原及发病规律

为尖镰孢菌，属半知菌亚门真菌。子座灰褐色，大型分生孢子在子座或粘分生孢子团里生成，镰刀形，弯曲，基部有足细胞，一般为

3个隔膜，少数具5个隔膜。小型分生孢子1～2个细胞，卵形或肾脏形，多散生在菌丝间，一般不与大型分生孢子混生。厚垣孢子球形，平滑或具褶，大多单细胞，顶生或间生。

病菌以菌丝体或厚垣孢子随病残体在土壤中或在带菌的病薯上越冬。翌年病部产生的分生孢子借雨水或灌溉水传播，从伤口侵入。田间湿度大、土温高于28℃易发病，重茬地或低洼地种植的地块易发病。

3.防治妙招

（1）**合理轮作**　与禾本科作物或绿肥等进行4年以上轮作。

（2）**加强田间管理**　选择健薯留种。加强肥水管理，施用充分腐熟的优质有机肥，可减轻发病。

（3）**药剂防治**　必要时可浇灌12.5%增效多菌灵浓可溶剂300倍液。

七、马铃薯病毒病

马铃薯病毒病导致植株生理代谢紊乱，活力降低，种薯严重退化，产量锐减，已成为发展马铃薯生产的最大障碍。病毒病能通过种薯传播，是马铃薯品种退化的主要原因。

1.症状及快速鉴别

病害在田间表现症状复杂多样（图3-8），常见的症状表现以下4种类型。

（1）**花叶型**　叶面叶绿素分布不均匀，叶面出现淡绿、黄绿和浓绿相间的斑驳花叶（有轻花叶、重花叶、皱缩花叶和黄斑花叶之分），叶片基本不变小。有的变小、皱缩，植株矮化，严重时叶片皱缩，全株矮化，有时伴有叶脉透明。

① 轻花叶病　由X病毒引起，并常与其他病毒复合侵染。病株发育正常，仅叶片表现出不同的斑驳或轻微花叶。病毒由汁液接触引起传染。

② 重花叶病　由Y病毒侵染引起。病株上的叶脉、叶柄及茎均有黑褐色、坏死条斑，并发脆易折。感病初期叶片呈现斑驳花叶或有枯斑，以后背面叶脉坏死，甚至沿叶柄蔓延到主茎。主茎发病时产生

图3-8　马铃薯病毒病

褐色条斑，导致全叶萎蔫，但不脱落。Y病毒既可以通过汁液机械传染，又可以通过蚜虫传染。

Y病毒与X病毒混合侵染时，呈现严重的皱缩、花叶及矮化症状。我国发生的马铃薯退化主要由这两种病毒复合侵染所致。

（2）**卷叶型**　病株叶片沿主脉或从边缘开始，以主脉为中心向上、向内翻转、卷曲，叶色变淡，革质化变硬。有的叶背略出现紫红色。有的病株块茎切面呈网状坏死斑。病薯产生的重病株植株矮化，老叶卷成筒状，严重时每个小叶均呈筒状。

（3）**坏死型（或称条斑型）**　几种病毒复合侵染。叶片、叶脉、叶柄及茎枝都可出现褐色坏死斑，病斑发展连接成条斑，发生坏死条斑，严重时叶片萎垂、全叶枯死或萎蔫脱落。

（4）**丛枝及束顶型**　分支纤细，数量多，缩节，丛生或束顶，叶小花少，明显矮缩。

2.病原及发病规律

包括病毒（占多数）、类病毒、植物菌原体等，多达30余种，我国已知的毒源种类有10种以上，主要由马铃薯卷叶病毒引起，在自然条件下由蚜虫传染。

（1）**马铃薯X病毒（PVX）** 也叫马铃薯普通花叶病毒。在马铃薯上引起轻花叶症，有时产生斑驳或坏死斑，病毒粒体线形，寄主范围广，系统侵染主要是茄科植物，可借汁液传毒和菟丝子传毒。病毒钝化温度68～75℃，体外存活期可达1年以上。

（2）**马铃薯Y病毒（PVY）** 也叫马铃薯重花叶病毒。在马铃薯上引起严重花叶或坏死斑和坏死条斑，寄主范围较广，可侵染茄科等多种植物。主要借助蚜虫传毒，也可通过汁液擦伤传毒。病毒钝化温度52～62℃，体外存活期1～2天。

（3）**马铃薯卷叶病毒（PLRV）** 病毒粒体球状，寄主范围主要是茄科作物，在马铃薯上引起卷叶症状，主要借助蚜虫传毒。病毒钝化温度70℃，体外存活期12～24小时，7℃低温下可存活4天。

（4）**马铃薯S病毒（PVS）** 也叫马铃薯潜隐病毒。在马铃薯上引起叶片轻度皱缩，或病症不明显，或在后期叶面出现青铜色及细小枯斑。病毒粒体线形，寄主范围较窄，系统侵染仅限于茄科中的少数植物。借汁液摩擦传毒。病毒钝化温度55～60℃，体外存活期3～4天。

（5）**马铃薯A病毒（PVA）** 也叫马铃薯轻花叶病毒。在马铃薯上引起轻花叶、斑驳、泡突。病毒粒体线形，寄主范围较窄，仅侵染茄科少数植物，主要借助蚜虫传毒，汁液也可传毒。病毒钝化温度44～52℃。

此外，TMV也可侵染马铃薯。

马铃薯病毒侵染的主要途径有接触传毒、昆虫介体传播、种薯传毒和土壤传毒几种类型。以上几种病毒除PVX外，都可通过蚜虫及汁液摩擦传毒。田间管理条件差，蚜虫发生量大、发病重。此外25℃以上高温会降低寄主对病毒的抵抗力，也有利于传毒媒介蚜虫的繁殖、迁飞或传病，从而有利于病害的扩展流行和蔓延，加重为害程度，因此一般冷凉山区栽植的马铃薯发病轻。品种抗病性及栽培措施也会影响病害的发生程度。

3. 防治妙招

以抗病育种为中心，抓好综合防治。

（1）**培育或利用抗病或耐病的品种**　培育具有高度抗病毒、经济性状优良的马铃薯品种是防治病毒病最有效的途径。在条斑花叶病及普通花叶病严重的栽培地区，可选用白头翁、丰收白、疫不加、郑薯4号、乌盟601、陇薯161-2、东农303、鄂马铃薯1号、鄂马铃薯2号、克新1号和广红二号等抗、耐病强的优良品种。

（2）**建立马铃薯无病毒良种繁育体系**　选用抗病毒品种及进行脱毒处理。我国近年来已开始了这方面的研究工作，利用茎尖组织培养，培育和繁殖了一批优良的无毒种薯。品种基地应建立在冷凉地区，有利于繁殖无病毒或未退化的良种。建立完整的留种制度，各地要建立无毒种薯繁育基地，原种田应设在高纬度或高海拔地区，并通过各种检测方法，淘汰除病薯，选留无病毒种薯等，对防治病毒病害的传播侵染有显著的效果。推广茎尖组织脱毒。生产田还可通过二季作或夏播栽培措施获得种薯。

（3）**合理选择栽培时期**　调节播种期和收获期，通过播期和收获期的改变，使种薯形成期处于较冷凉的季节，躲过蚜虫的大量繁殖和迁飞，减少昆虫的传播机会。一季作地区可采用夏播留种，使块茎在冷凉季节形成，增强对病毒的抵抗能力。二季作地区可采用秋播留种，并根据当地具体条件适当早收，避免和减少病毒的传染。春季选用早熟品种，采用地膜覆盖栽培，早播早收。秋季适当晚播、早收，可减轻发病。

（4）**实生薯的利用**　马铃薯病毒多数不能通过种子传播，因此利用实生苗繁殖种薯，可以排除病毒。

（5）**改进栽培措施**　包括留种田要远离茄科菜地；及早拔除病株；实行精耕细作，高垄栽培，及时培土；避免偏施、过施氮肥，适当增施磷、钾肥；注意中耕除草；合理控制秋水，严防大水漫灌；田间作业时注意尽量减少人为传播。

（6）**采用现代农业绿色无公害生物防治**　预防时，在病害常发期使用蔬菜病毒专用（也称奥力克-蔬菜病毒专用）40克＋纯牛奶250毫升（或有机硅5克），兑水15千克均匀喷雾。每隔5～7天用药1次，连用2～3次。

治疗控制时，初发现病毒病株可用蔬菜病毒专用40克＋有机硅1包（或纯牛奶250毫升），兑水15千克，进行全株喷雾，连用2天。间隔5天后再用1次。待病情完全得到控制后，转为药剂预防，即可控制病害。

（7）**治蚜防虫**　马铃薯病毒病主要靠蚜虫传播，因此防病的同时要防治好害虫。尤其在马铃薯无病毒繁育体系中的各级种薯田更应进行蚜虫防治。出苗前后及时防治蚜虫，对防治卷叶病毒的传播十分有效，尤其靠蚜虫进行非持久性传毒的条斑花叶病毒更要防治好。防治蚜虫可用敌敌畏乳剂800～1000倍液，或灭蚜威500～1000倍液，或吡虫啉500～1000倍液等药剂喷雾。

（8）**药剂防病**　在发病初期可喷洒抗毒丰（0.5%菇类蛋白多糖水剂）300倍液，或20%病毒A可湿性粉剂500倍液，或5%菌毒清水剂500倍液，或1.5%植病灵K号乳剂1000倍液，或15%病毒必克可湿性粉剂500～700倍液，或使用国内高科2%氨基寡糖素（或32%核苷・溴・吗啉胍），用量为30～50毫升，兑水30千克，可治疗交叉感染引起的病毒病。每隔3～4天用1次，连续使用3～4次。

特别严重的地块，可结合冲施1次黄化曲叶病毒灵灌根剂，每667平方米冲施1500毫升，效果会更好。

提示　防治病毒病，不要使用生长素或者激素类药剂。

八、马铃薯卷叶病

是马铃薯最重要的病毒性病害，在所有种植马铃薯的国家普遍发生和为害。易感品种的产量损失可高达90%。

1.症状及快速鉴别

初期上部叶片卷曲，尤其是小叶的基部叶片趋于直立，并且一般为淡黄色，有的品种颜色可能是紫色、粉红或红色。后期感染可能不会产生发病症状。高感品种的块茎薯肉中有明显的坏死组织（图3-9）。

图3-9　马铃薯卷叶病

从被感染的块茎长成的植株基部叶片卷曲、矮化、垂直生长，上部叶片发白。卷曲的叶片变硬并革质化，有时背面呈紫色。有的从边缘开始发生并相间失绿，尤其是上部叶片明显直立生长，通常严重矮化。一般下部叶片不卷曲。

2.病原及发病规律

为马铃薯卷叶病毒。病毒粒体球形，钝化温度70～80℃，体外存活期3～5天。可为害马铃薯、番茄等茄科作物。

病毒可通过蚜虫、种薯和嫁接传播。通过蚜虫自然传播是不可避免的，也可通过感染的块茎传播。传毒蚜虫主要为桃蚜，传毒方式为持久性传毒，可保持传毒能力2周。一般汁液摩擦不传染。栽种带毒种薯是当年发病的初侵染源，在生长期间经蚜虫传播扩大蔓延。有的植株当年不显症，但可使块茎带毒越冬。

有时发生生理性卷叶。主要原因为过量偏施氮肥、土壤缺水、高温干旱，或根系发育差、受损伤等导致吸水能力受阻，常会引起植株生理功能减弱，代谢机能受影响，使碳水化合物从叶片的输出被削弱，叶片中积累淀粉粒过量，使之老化变厚呈现上卷。植株根部供水不足时，如果遇到高温常使叶面水分蒸腾量大于吸收量，引起植株本能地保护自己，减少蒸腾面积，使下部叶片卷曲。

3.防治妙招

选育抗病品种，通过农业防治、生态防治、物理防治、化学防治等综合措施，进行有效的联合防治。

（1）选用脱毒种薯　在保证产量的前提下，种薯应尽可能提早收获。注意加强检测，生产上可由黄板诱蚜数量情况来确定收获时间，避免后期蚜虫进行传毒。

（2）**清园灭菌** 早期要及时拔除感病植株。收获后及时清除田间病株残体，带出菜园外集中销毁或深埋。同时深翻土地，消灭菌源。

（3）**叶面喷肥** 可用叶面肥翠杰800～1000倍液，均匀喷施在叶片正、反面。每隔5～7天喷施1次。

（4）**防治蚜虫** 可用灭蚜威、吡虫啉等内吸性杀虫药剂500～1000倍液及时喷雾，每隔10天喷1次，直至收获。使种薯采收在蚜虫发生高峰期到来之前。

（5）**对种薯进行升温处理** 将块茎放置在37℃的高温条件下25天，可钝化卷叶病毒。种植后可不出现病症。

九、马铃薯早疫病

也叫轮纹病，是马铃薯生产上最常见的真菌性病害之一。一般可减产约10%，发生严重的地块可减产30%以上，严重时可造成全株枯死。近年来在我国河北、内蒙古、黑龙江、甘肃和山东等省份发生与为害呈逐渐上升趋势，为害日益严重。干燥、高温条件下病害发生严重，特别是在干旱地区或贫瘠地块，因早疫病造成的损失重于晚疫病。

1.症状及快速鉴别

主要发生在叶片上，也可侵染块茎，多从下部老叶开始发病（图3-10）。

叶片染病，病斑黑褐色，圆形或近圆形，具同心轮纹，大小3～4毫米。湿度大时病斑上生出黑色霉层，即病原菌的分生孢子梗和分生孢子。发病严重的叶片干枯脱落，田间一片枯黄。

块茎染病，产生暗褐色、稍凹陷、圆形或近圆形的病斑，边缘分明，皮下呈浅褐色海绵状干腐。

2.病原及发病规律

为茄链格孢菌，属半知菌亚门真菌。菌丝丝状，有隔膜。分生孢子梗自气孔伸出，束生，每束1～5根，孢子梗圆筒形或短杆状，暗褐色，具隔膜1～4个，直或较直，梗顶端着生分生孢子。分生孢子长卵形或倒棒形，淡黄色，纵隔1～9个，横隔7～13个，顶端长有较长的喙，无色，多数具1～3个横隔。

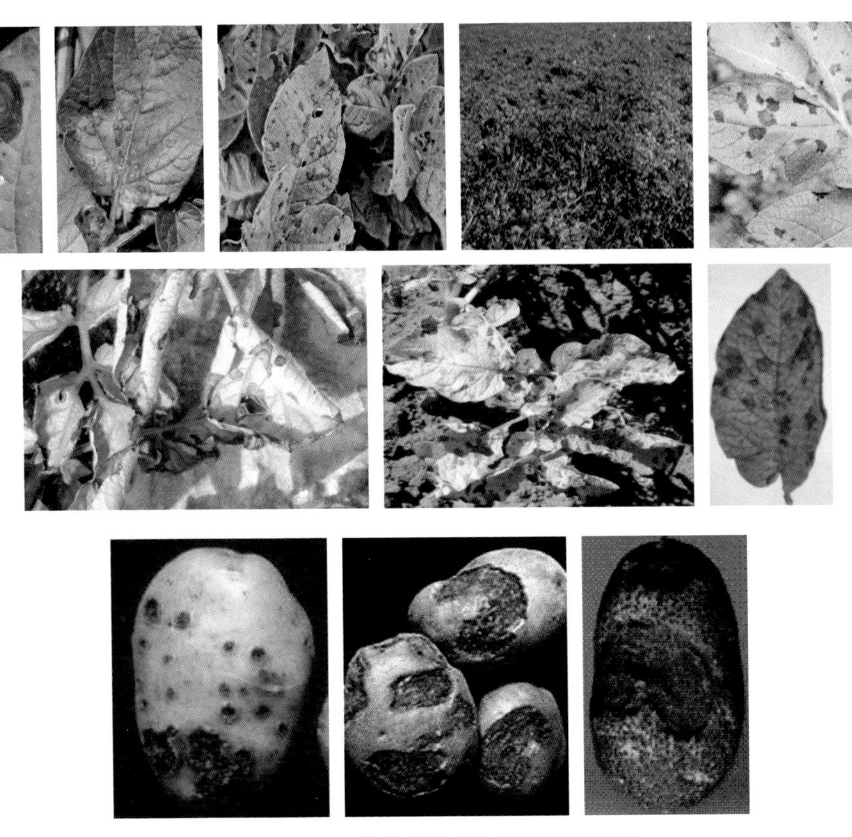

图3-10　马铃薯早疫病为害叶片及块茎

以分生孢子或菌丝在病残体或带病的薯块上越冬。翌年种薯发芽，病菌即开始侵染。病苗出土后，产生的分生孢子借风、雨传播，进行多次再侵染，使病害蔓延扩大，病菌易侵染老叶片。遇有小到中雨或连续阴雨或湿度高于70%时病害易发生和流行。分生孢子萌发适温26～28℃，当叶片上有结露或水滴，温度适宜，分生孢子经35～45分钟即可萌发。从叶面气孔或穿透表皮侵入，潜育期2～3天。瘠薄地块及肥力不足的田块发病重。

3. 防治妙招

（1）**合理轮作倒茬** 应与马铃薯和十字花科（茄科）蔬菜实行3年以上轮作。

（2）**选用早熟抗病品种** 选择适宜本地区的相对抗、耐病的早熟优良品种。

（3）**加强田间管理** 选择土壤肥沃的高燥田块种植。实行高垄栽培，定植缓苗后及时封垄，促进新根发生。增施有机肥，推行配方施肥，提高寄主的抗病力。适时提早收获。

（4）**清园灭菌** 结果期要定期摘除下部病叶，集中深埋或烧毁。收获后及时清除田间病株残体，带出菜园外集中销毁或深埋。同时清除病株后撒生石灰消毒，深翻土地，消灭或减少菌源。

（5）**药剂防治** 预防时，可采用奥力克-霜贝尔500倍液喷施，或采用霜贝尔30毫升＋金贝40毫升，兑水15千克。每隔7～10天喷1次，连续防治2～3次。治疗时，在发病初期及时摘除病叶、病果及严重病枝，然后用霜贝尔50毫升＋金贝40毫升，或霜贝尔50毫升＋霉止30毫升，或霜贝尔50毫升＋青枯立克30毫升，兑水15千克。每隔5～7天用药1次，连续防治2～3次。发病较重时，清除中心病株、病叶后，及时采用中西医结合的防治方法。可用霜贝尔50毫升＋氰·霜唑25克，或霜霉威·盐酸盐20克。每隔3天用药1次，连用2～3次即可进行有效的治疗。

一般在马铃薯盛花期后，田间下部叶片早疫病的病斑率达到5%时进行早疫病的初次用药，以后每隔7～10天喷施1次，直至收获。发病初期或发病前可喷施25%嘧菌酯悬浮剂1500倍液，或70%代森锰锌可湿性粉剂500倍液，或64%杀毒矾可湿性粉剂500倍液，或75%百菌清可湿性粉剂600倍液，或80%喷克可湿性粉剂800倍液，或80%大生M-45可湿性粉剂600倍液，或80%新万生可湿性粉剂600倍液，或1∶1∶200倍式波尔多液，或77%可杀得可湿性微粒粉剂500倍液等药剂。每隔7～10天喷1次，连续防治2～3次。在块茎发生早疫病较重的地方，马铃薯收获后可用代森锰锌药液喷施在块茎上，可有效地防止贮藏期块茎腐烂。

提示 目前防控早疫病较有效的化学药剂包括嘧菌酯、代森锰锌、苯醚甲环唑和烯肟菌胺·戊唑醇等，其中用25%嘧菌酯悬浮剂1500倍液防控效果最好。为了使药液能均匀地喷施到叶片的正、反两面，喷药时需不断改变喷头的朝向，以保证施药效果。

十、马铃薯晚疫病

也叫马铃薯瘟病。是马铃薯生产上较为常见的一种病害。流行性强、为害重，在一个生长季可发生多次再侵染。可侵染马铃薯茎、叶、块茎，并造成毁灭性的损失。气候条件是马铃薯晚疫病流行的决定性因素，在阴雨连绵或多雾、多露条件下，晚疫病最易流行成灾。在我国南方多雨的省份普遍发生，病害发生严重时植株提前枯死，产量损失高达20%～40%，甚至会造成绝收。

1.症状及快速鉴别

主要为害马铃薯的叶片、叶柄、茎和薯块（图3-11）。

叶片染病，多是先从叶片尖端或叶缘开始发病。先在叶尖或叶缘产生水浸状、绿褐色的斑点，边缘不明显，病斑周围有浅绿色晕圈，似沸水烫状。湿度大时病斑迅速扩大，呈褐色，并在叶背病斑边缘上产生一圈茂密的白霉，即孢囊梗和孢子囊。天气干燥时病斑变褐干枯，如薄纸状，质脆易裂，不见白霉，斑面病征也不明显，且扩展速度减慢。发病严重时植株叶片萎垂、卷缩，最终导致全株黑腐，染病的重病株萎蔫或折倒。病害大流行时全田一片枯焦，散发出特殊的腐败臭味。

茎部、叶柄染病，呈黑褐色，茎部和叶柄变细，出现褐色条斑。

薯块染病，发病初期产生褐色或紫褐色的小粉斑，逐渐向周围和内部扩展。皮下部腐烂表现两种类型，即粉红色干腐型和内部湿腐型。粉红色干腐型腐烂是在干燥条件下，病薯大块病斑稍凹陷，病斑不规则，病部皮下薯肉组织变硬干腐，慢慢向四周扩大或腐烂掉。内部湿腐型是在雨水多的年份，潮湿时病薯表面呈现黑褐色大斑块，皮下薯肉也呈褐色，逐渐扩大，最终导致病薯变软腐烂，发出恶臭味，不能食用，没有商品价值。

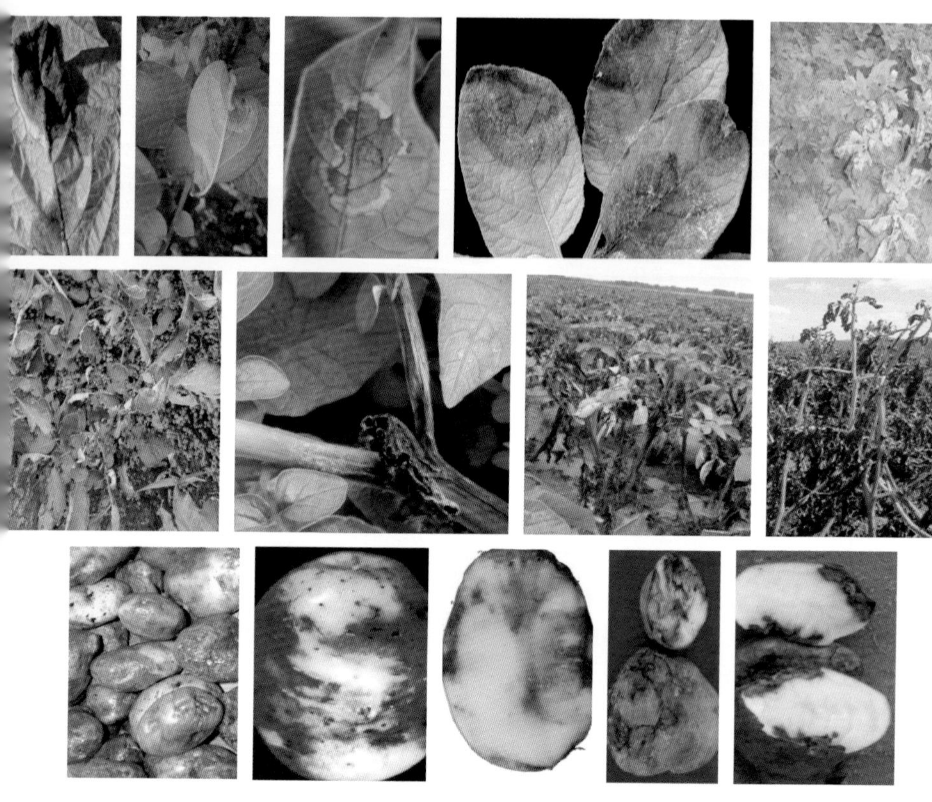

图3-11　马铃薯晚疫病为害叶片、茎及薯块

提示　早疫病的马铃薯表皮呈深褐色圆形或近圆形凹陷斑，皮下呈褐色海绵状干腐；晚疫病皮下呈粉红色干腐型和内部湿腐型。

2.病原及发病规律

为致病疫霉菌，属鞭毛菌亚门真菌。

孢子囊柠檬形，一端具乳突，另一端有小柄，易脱落，在水中释放出5～9个肾形游动孢子。游动孢子具鞭毛2根，失去鞭毛后变成休止孢子，萌发出芽管，侵入到寄主体内。菌丝生长适温20～23℃，孢子囊形成适温19～22℃，10～13℃形成游动孢子，温度高于24℃，孢子囊多直接萌发。孢子囊的形成要求相对湿度高于97%，萌发及侵染均要有水滴的条件。

病菌主要以菌丝体在带病马铃薯的薯块中越冬，或残留在土壤中的残根遗薯中过冬、越夏。播种带菌的薯块导致不能发芽，或发芽出土后即发生枯死。有的播种出土后病菌侵染幼芽、幼茎，形成带病斑的中心病株，病部产生孢子囊借气流通过风、雨传播进行再侵染，形成发病中心，导致病害由点到面迅速蔓延扩大。病菌从植株的气孔或表皮侵入发病。病菌落地后从薯块的伤口、芽眼及皮孔侵入为害，造成植株叶片边缘先产生水浸状暗褐色病斑，茎部产生长短不一稍凹陷的褐色条斑。病叶上的孢子囊还可以随雨水或灌溉水渗入土中侵染地下薯块，形成病薯，成为翌年主要侵染源。

病菌喜日暖夜凉的低温、高湿条件，相对湿度90%～95%以上，18～22℃条件下有利于孢子囊的形成，容易发病。冷凉（10～13℃保持1～2小时）、有水滴的存在，有利于孢子囊萌发产生游动孢子。温暖（24～25℃持续5～8小时）、有水滴存在，有利于孢子囊直接产出芽管。因此，多雨的年份，空气潮湿或温暖多雾条件下发病重。种植感病品种植株处于开花阶段，只要出现白天约22℃，相对湿度高于95%，持续8小时以上，夜间10～13℃，叶片上有水滴，持续11～14小时的高湿条件，即可发病。发病后10～14天病害蔓延引起大流行，严重为害。温度较低，光照不足，特别是降雨有利于马铃薯晚疫病的发生和蔓延。

3. 防治妙招

马铃薯晚疫病要提前防治，减少损失。在生产中长期连作，不进行种子消毒及土壤消毒，发病后未及时进行有效的防治，导致病害流行。

（1）**选用抗病品种** 目前推广的抗病品种主要有鄂马铃薯1号、鄂马铃薯2号、坝薯10号、冀张薯3号、中心24号、矮88-1-99、陇薯161-2、郑薯4号、抗疫1号、胜利1号、四斤黄、德友1号、同薯8号、新芋4号、乌盟601、文胜2号、青海3号等。这些品种在晚疫病流行年份受害较轻，各地可因地制宜地进行选用。

（2）**选用无病种薯** 减少初侵染源，做到秋收入窖、冬藏查窖、出窖、切块及春化等生产过程中每次都要严格把关，剔除可疑的病薯，减少初侵染源。有条件的地方要建立无病种薯基地，进行无病薯留种。选用当年调运的健康种薯种植，保证种薯不带菌，从种源上有效地降低病菌的侵染源，是晚疫病综合防治的关键性一步，也是马铃薯增产的有效途径。

（3）**种薯消毒处理** 种植前可对种薯进行消毒处理。药剂、温汤消毒均可。

① 药剂浸种 用40%福尔马林200倍液浸5分钟，再堆闷2小时，散凉后再进行催芽播种。

② 温汤浸种 先用40～50℃温水预浸1分钟，再用60℃温水中浸15分钟，种薯与温水比例为1∶4。

（4）**农业防治** 合理轮作换茬，防止连作。不能在长期种植薯芋类、茄科作物或临近地块种植马铃薯，应与十字花科蔬菜实行3年以上轮作。加强以肥水为中心的栽培防病工作。施足基肥，实行配方施肥，避免偏施氮肥，增施磷、钾肥。定植后要及时防除杂草。合理密植可改善田间通风透光条件，降低田间湿度，有利于减轻病害的发生。

（5）**加强栽培管理** 选土质疏松、排水良好的田块种植。适期早播，改进栽培技术，加强田间管理，促进植株健壮生长，增强抗病能力。防止大水漫灌，在低洼易积水的地块采用高畦、深沟、高培垄的栽培方式，涝害时一定要注意开沟排水，降低田间湿度，抑制病害发展。结合中耕除草进行培土，阻止病菌渗入块茎，降低薯块的发病率。促、控相互结合，使植株生长壮旺而不徒长。搞好田间清洁卫生，病害流行的年份提早割蔓，可减少种薯染病。

（6）**药剂防治** 加强病害预测预报，及时发现和消灭中心病株，及早喷药控制病害蔓延。中心病株一旦发现，一定要立即拔除，立即挖毁，深埋销毁，消灭中心病株。如果不及时摘掉病叶，剔除病株，就会一传十、十传百，导致更多的马铃薯苗萎蔫枯死，同时要抓住药剂防治的最佳时机。

发病前用70%代森锰锌可湿性粉剂500倍液均匀喷雾，每隔约7

天喷药1次进行预防。在中心病株出现的6月上中旬可用58%的甲霜灵·锰锌，或1%～2%的硫酸铜，一般每隔10～14天喷药1次，连续防治3次，中心病株周围30～50米范围内要注意特别仔细喷药。以后视病情为害传程度、天气情况等，确定合适的喷药次数。

在发病初期可用72%克露（或克霜氰、或霜霸）可湿性粉剂700倍液，或69%安克·锰锌可湿性粉剂900～1000倍液，或90%三乙磷酸铝可湿性粉剂400倍液，或58%甲霜灵·锰锌可湿性粉剂，或38%恶霜菌酯500倍液，或64%杀毒矾可湿性粉剂500倍液，或25%甲霜灵可湿性粉剂750倍液，或80%代森锌可湿性粉剂600～800倍液，或75%百菌清可湿性粉剂600～800倍液，或60%琥·乙磷铝可湿性粉剂500倍液，或50%甲基托布津可湿性粉剂700～800倍液，或50%甲霜铜可湿性粉剂700～800倍液，或4%嘧啶核苷类抗生素水剂800倍液，或72.2%普力克（霜霉威）水剂800倍液，或1∶1∶200倍式波尔多液等药剂均匀喷雾防治。每隔7～10天喷1次，连续防治2～3次。

提示 采用轮喷与混喷，可以延缓和防止病菌产生抗药性。如果雨水频繁，喷药时间间隔应缩短，根据天气情况可适当增加1～2次。一定要注意联合菜农一起进行群防群治。

发病较重时，清除中心病株、病叶等，及时采用中西医结合的防治方法，可用霜贝尔50毫升＋氰·霜唑25克（或霜霉威·盐酸盐20克），每隔3天用药1次，连用2～3次，即可有效地进行治疗。

十一、马铃薯粉痂病

属马铃薯检疫性病害。严重时可减产50%以上，病薯失去商品价值。

1.症状及快速鉴别

主要为害块茎及根部，有时茎也可染病（图3-12）。

块茎染病，初在表皮上出现针头大的褐色小斑，外围有半透明的晕环，后小斑逐渐隆起膨大，成为直径3～5毫米大小不等的“疱斑”。表皮尚未破裂，为粉痂的“封闭疱”阶段。后随着病情的逐渐发展，“疱斑”表皮破裂、反卷，皮下组织呈现橘红色，散发出大量的深褐色粉状物（孢子囊球），“疱斑”下陷，呈火山口状，外围有木栓质晕环，为粉痂的“开放疱”阶段。

根部染病，在根的一侧，长出豆粒大小的单生或聚生的瘤状物。

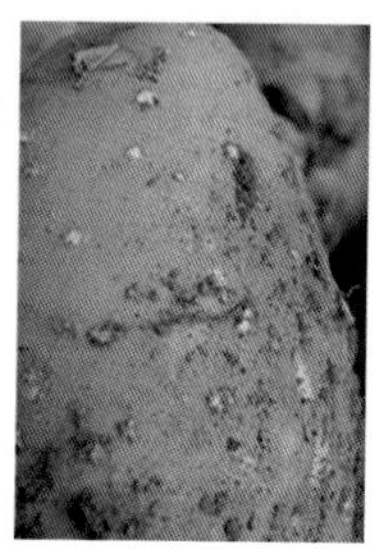
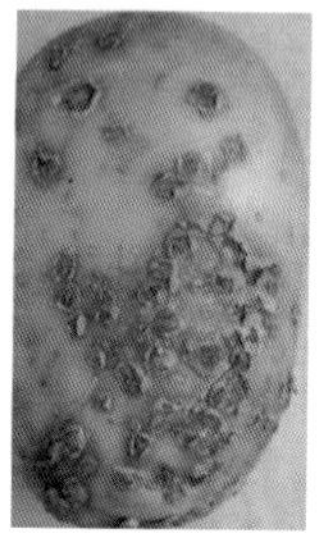
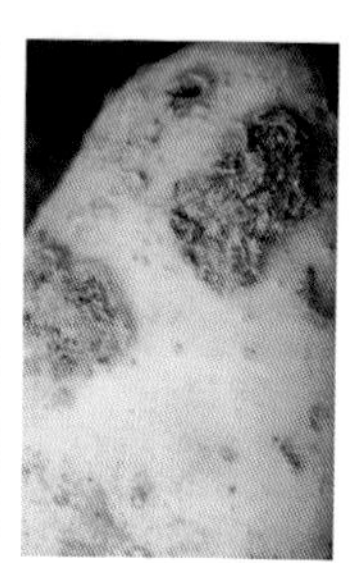

图3–12　马铃薯粉痂病

2.病原及发病规律

为粉痂菌，属鞭毛菌亚门真菌。

粉痂病“疱斑”破裂散出的褐色粉状物为病菌的休眠孢子囊球（休眠孢子团），由许多近球形的黄色至黄绿色的休眠孢子囊集结而成，外观如海绵状球体。休眠孢子囊球形至多角形，壁较薄，平滑。孢子囊萌发时产生游动孢子，游动孢子近球形，无胞壁，顶生不等长的双鞭毛，在水中能够游动，静止后从根毛或皮孔侵入寄主内导致发病。

病菌以休眠孢子囊球在种薯内或随病残物遗落在土壤中越冬。病害的远距离传播靠种薯的调运，田间近距离传播主要靠病土、病肥、灌溉水等。休眠孢子囊在土中可存活4～5年。当条件适宜时萌发产生游动孢子，游动孢子静止后从根毛、皮孔或伤口侵入寄主。病组织崩解后休眠孢子囊球又落入土中越冬或越夏。

土壤湿度约90%，土温18～20℃，土壤pH值4.7～5.4，适合病菌生长发育，发病严重。一般雨量多、夏季较凉爽的年份易发病。初侵染病原菌的数量多造成初侵染严重，发病重。田间再侵染即使发生也不是很严重。

3. 防治妙招

（1）**严格执行检疫制度** 对病区的种薯严加封锁，禁止向外调运。

（2）**合理轮作** 病区实行5年以上的轮作。

（3）**种薯选择和处理** 选留无病种薯，把好收获、贮藏、播种关，发现病薯及早剔除。必要时可用2%的盐酸溶液，或40%福尔马林200倍液浸种5分钟。或用40%福尔马林200倍液将种薯浸湿，再用塑料布盖严闷2小时，晾干播种。

（4）**加强田间管理** 增施充分腐熟的有机肥作基肥，多施磷、钾肥，多施石灰或草木灰，改善土壤的pH值。加强田间管理，提倡高畦栽培，避免大水漫灌，防止病菌传播蔓延。

（5）**药剂防治** 发病初期可用65%的代森锰锌可湿性粉剂1000倍液，或72%的农用链霉素2000倍液等药剂均匀喷雾。间隔7～10天喷1次，连续喷2～3次，可控制病害的发展。

十二、马铃薯疮痂病

感病马铃薯表皮有大小不等、深浅不一的疮疤，故称为疮痂病。疮痂病发生后主要在马铃薯的外表皮上发病，影响外观，商品品级大为下降，被害薯块质量和产量降低，病薯不耐贮藏。同时由于表皮组织被破坏后，易被其他病原菌侵染，造成块茎腐烂，形成一定的经济损失，影响马铃薯的销量和经济效益。

1. 症状及快速鉴别

主要为害块茎。发病初期在块茎表面先产生褐色小斑点，扩大后侵染点周围的组织坏死，形成褐色、近圆形或不规则形、质地木栓化、块茎表面粗糙、呈疮痂状的大病斑或斑块，手摸硬斑时质感粗糙。后逐渐扩大，后期在成熟的薯块上常表现为稍凸凹的病斑，严重时病斑连片，薯块的疮痂状硬斑块仅限于皮部，不深入薯内，可区别于粉痂病（图3-13）。

2. 病原及发病规律

为疮痂链霉菌，放线菌目，属细菌。菌体丝状，有分支，极细，尖端常呈螺旋状，连续分割生成大量圆筒形的孢子。

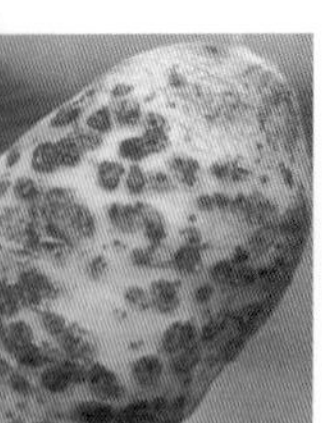
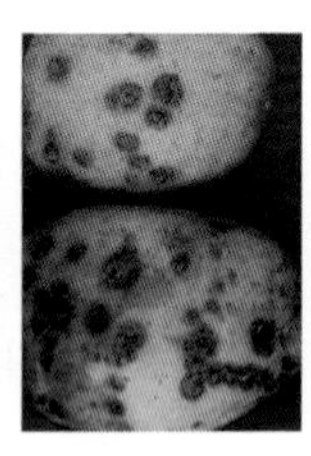
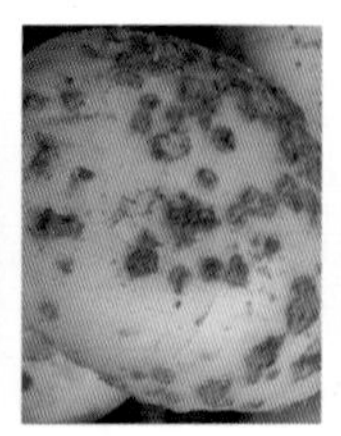

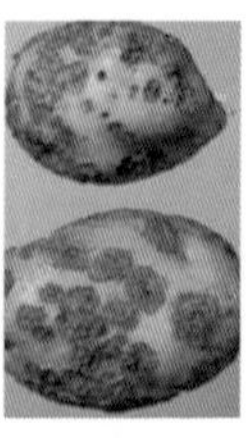
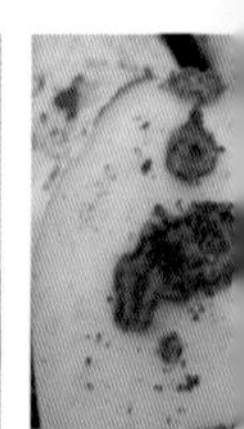

图3-13　马铃薯疮痂病

病菌在土壤中腐生或在病薯上越冬。病土、带菌肥料和病薯是主要的初侵染源。种植带菌的种薯发病率很高。在适宜的土壤中可永久存活，一旦遇到适宜的发病条件病菌孢子或菌丝就会从块茎的皮孔、伤口、气孔等处进入块茎为害。块茎生长的早期一般在块茎外表皮木栓化之前病菌侵入后开始染病。地上部分看不到明显的症状，但薯块表面会出现疮痂。当块茎表面木栓化后侵入一般较困难。蛀食性昆虫为害时也会传播病菌。病薯长出的植株极易发病；健薯播入带菌的土壤中也能发病。适合病害发生的环境条件，温度为25～30℃，土壤为中性或微碱性的沙壤土发病重。土壤pH值在5.2以下很少发病。土壤干燥、通气性好、中性或碱性的地块易发病。发病后病菌能在土中长期残存。品种间抗病性有所差异，白色薄皮品种易感病。褐色厚皮品种较抗病。温度高时发病较重。气候干旱，连作重茬严重的栽培地区发病率较高。

（1）**种薯带菌**　在种薯生产中微型薯的疮痂病尤为严重，带病种薯的转运是病害传播的重要途径之一。

（2）**土壤偏碱**　东北地区栽培马铃薯常施用草木灰等碱性肥料，多年累积后土壤逐渐偏碱，造成马铃薯疮痂病逐年加重。在西北、华北的一些栽培地区气候多年较干旱，加之使用一些碱性肥料，病害往往会偏重。

（3）**病原菌在土壤中积累**　华南一些栽培地区由于多年的连作，也会造成病菌的大量积累。

（4）**对病害没有引起高度的重视**　疮痂病对马铃薯的产量和肉质影响并不大，虽然该病已经成为马铃薯生产的一大障碍，但还未引起人们的足够重视，很多地区对该病还都不甚了解，也成为马铃薯疮痂病逐年加重的一个非常重要的原因。

3. 防治妙招

（1）**选用抗病品种**　各地可因地制宜地选用相对较抗病的优良品种。可根据当地的实际情况，选用黄麻子、豫薯1号、榆薯1号、鲁引1号等高抗疮痂病的品种。

（2）**选用无病种薯**　一定不要从病区调运种薯。播种前加强检查，剔除带有疮痂的病薯。选用表面完整、无病的薯块作种。用40%的福尔马林120倍液浸种4分钟后再进行种植。

（3）**合理轮作**　连作可加重病害的发生，要实行轮作倒茬。可与葫芦科、豆科、百合科等非茄科类蔬菜进行5年以上的轮作。在易感疮痂病的红甜菜叶、甜菜、萝卜、甘蓝、胡萝卜、欧洲萝卜等块根作物地块上不宜种植马铃薯。长期发病的地块即使发病较轻也应停种几年，可减轻病害发生。

（4）**加强栽培管理**　选择保水较好的菜地种植。加强肥水管理，合理施肥，多施充分腐熟的有机肥或绿肥，禁止施用带菌的厩肥，可明显地抑制发病。增施酸性肥料，种植马铃薯地块上避免施用石灰，保持土壤pH值在5～5.2之间。在块茎生长期间保持土壤湿度，防止干旱，尤其结薯期遇到干旱时应及时浇水，避免过度干燥。

（5）**做好地下害虫的防治工作**　避免过多地造成马铃薯虫虫伤或机械损伤。

（6）**药剂防治**

① 土壤消毒　在病田施用消毒剂，常用40%的五氯硝基苯粉剂，每667平方米用药0.6～1千克。

② 种薯消毒　带病种薯可用0.2%的福尔马林溶液，或1∶200的40%的福尔马林溶液，在播种前将洗净的马铃薯浸种2小时。或用对苯二酚100克，加水100升，配成0.1%的药液，在播种前浸种30分钟，然后取出晾干播种。

③ 喷雾　在发病初期可用65%的代森锰锌可湿性粉剂1000倍液，或72%的农用链霉素2000倍液等药剂均匀喷雾。间隔7～10天喷1次，连续喷洒2～3次，可控制病害的发展。

十三、马铃薯环腐病

也叫马铃薯轮腐病，属细菌性维管束病害。

1. 症状及快速鉴别

马铃薯病株的根、茎部维管束常变褐，病蔓有时溢出白色菌脓。主要破坏马铃薯块茎的维管束组织，引起薯块腐烂，植株萎蔫和坏死（图3-14）。

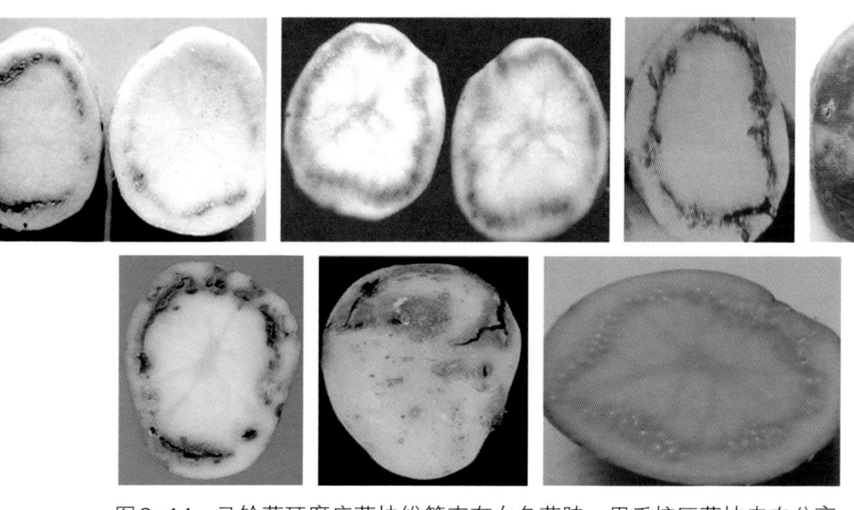

图3-14　马铃薯环腐病薯块维管束有白色菌脓，用手挤压薯块皮肉分离

（1）**地上部染病**　分枯斑和萎蔫两种类型。

① 枯斑型　多在马铃薯植株基部复叶的顶端先发病，叶尖和叶缘及叶脉呈绿色，叶肉为黄绿或灰绿色，具明显的斑驳，叶尖干枯或向内纵卷。病情向上部扩展导致全株枯死。

② 萎蔫型　初期从马铃薯植株顶端复叶开始萎蔫，叶缘稍内卷，似缺水状。病情向下扩展，全株叶片开始褪绿，内卷下垂，最终导致植株倒伏枯死。

（2）**块茎发病**　发病轻时病薯块外部无明显的症状。切开马铃薯块茎后可见维管束变为乳黄至黑褐色，薯块维管束有白色菌脓，皮层内出现环形或弧形坏死，产生环状空洞，故称环腐病。有时并发软腐病导致全部腐烂。经过贮藏的马铃薯块茎芽眼变黑、干枯或薯块外表开裂。播种后不出芽，或出芽后枯死，或形成病株。

2.病原及发病规律

为密执安棒杆菌（也叫环腐棒杆菌），属细菌。菌体短杆状，无鞭毛，单生或偶而成双，不形成荚膜及芽孢，好气性。在培养基上菌落白色，薄而透明，有光泽，人工培养生长缓慢，革兰氏染色阳性。

病菌在马铃薯种薯中越冬，也可以在盛放种薯的容器上长期存活，成为翌年的初侵染源。病菌通过病薯传播主要是在切薯块时病菌通过切刀带菌传染，切一刀病薯可传染24～28个健薯。病菌多经马铃薯的伤口侵入，不能从气孔、皮孔等侵入。受到损伤的马铃薯健薯只有在维管束部分接触到病菌才能感染。病薯播种后病菌在块茎组织内繁殖到一定的数量后，一部分芽眼腐烂不能发芽，一部分出土的病芽中病菌沿维管束进行上、下扩展。病菌沿维管束上升至茎中部，引起地上部植株发病；或沿茎进入新结的薯块，导致地下部发病。马铃薯生长后期病菌可沿茎部维管束经由马铃薯的匍匐茎侵入新生的块茎，感病块茎作种薯时又成为下一季或下一年的侵染源。

病菌在土壤中存活时间很短，但在土壤中残留的病薯或病残体内可存活很长时间，甚至可以安全越冬。马铃薯收获期是环腐病的重要传播时期，病薯和健薯可以通过接触传染，在收获、运输和入窖过程中有很多的传染机会。

温度是影响马铃薯环腐病流行的主要环境因素，病害发展最适土壤温度为19～23℃，最高31～33℃，最低1～2℃。超过31℃病害发展受到抑制，低于16℃发病症状出现推迟。在干燥情况下50℃经10分钟病菌致死。最适pH值为6.8～8.4。一般温暖干燥的天气有利于病害的发展蔓延。贮藏期温度对病害也有影响，在温度约20℃贮藏比低温1～3℃贮藏发病率高。播种早发病重。收获早病薯率低。生育期的长短影响环腐病发生的轻重，夏播和二季作病害较轻。

3.防治妙招

应采取以加强检疫、杜绝菌源为中心的综合防治措施。

（1）**建立无病留种田**　有条件的最好与选育新品种结合起来，利用实生苗杂交繁育无病种薯。

（2）**尽可能采用整薯播种**　播种时采用整薯播种，可减少切块过程中的侵染。

（3）**种植抗病品种** 经鉴定表现抗病的品系主要有东农303、郑薯4号、宁紫7号、庐山白皮、乌盟601、克新1号、丰定22、铁筒1号、阿奎拉、长薯4号、高原3号、同薯8号等，应在生产中应用。

（4）**合理轮作** 实行2～3年的轮作换茬。

（5）**播前淘汰除病薯** 选用无病种薯留种，切薯前彻底淘汰病薯，切块时要注意切刀的消毒。将种薯先放在室内堆放5～6天进行晾种，不断剔除烂薯，可使马铃薯田间环腐病大量减少。此外可用50毫克/千克的硫酸铜浸泡种薯10分钟进行消毒，也有较好的防治效果。

（6）**拔除病株，集中处理** 发现病株时及时清除。收获后及时清除田间病株残体，带出菜园外集中销毁或深埋。同时清除病株后撒生石灰进行消毒，深翻土地，可消灭或减少菌源。

（7）**加强栽培管理** 施用磷酸钙作种肥。在开花后期加强田间检查，结合中耕培土，及时拔除病株，带出菜田外集中处理。

（8）**防治田间地下害虫** 可减少害虫传染的机会。

（9）**药剂防治** 切种薯的场地和用具可用2%硫酸铜液消毒。播种前每100千克种薯用75%敌克松可溶性粉剂280克，加适量干细土拌种。或用36%甲基托布津悬浮剂800倍液浸泡种薯，均有一定的防治效果。

十四、马铃薯灰霉病

1.症状及快速鉴别

可侵染马铃薯叶片、茎秆，有时也可为害块茎（图3-15）。生长后期叶片上症状明显。

叶片受害，多从叶尖或叶缘开始发生病斑，病斑呈“V”字形向内扩展，初时呈水渍状，后变为青褐色，形状常不规整，有时斑上出现隐约的环纹。受害的残花落到叶片上产生近圆形病斑。湿度大时病斑上形成灰色的霉层。后期病斑碎裂、穿孔。严重时病部沿叶柄扩展，为害茎秆。

茎秆受害，产生条状褪绿斑，病部产生大量的灰霉。

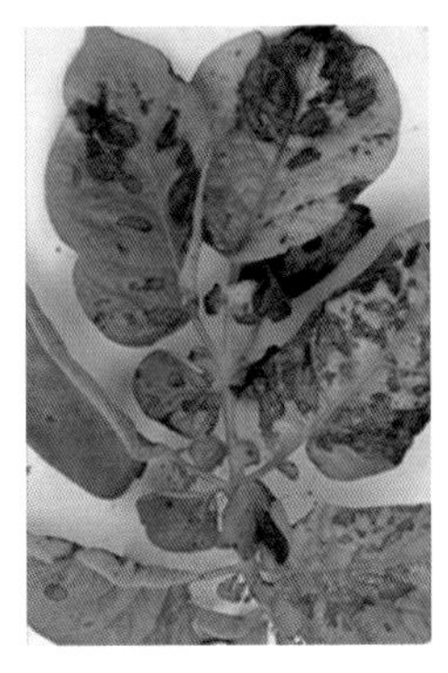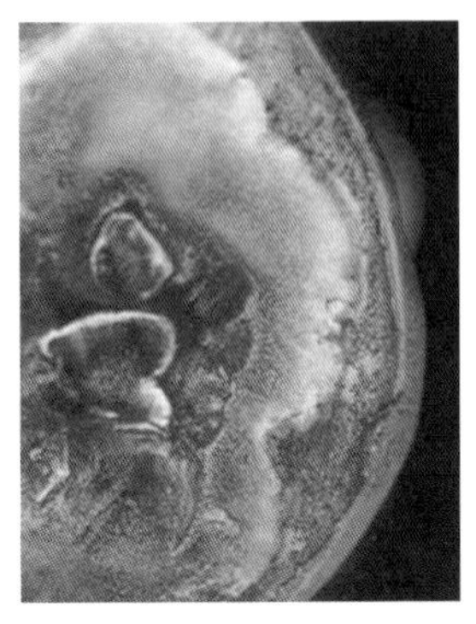

图3-15　马铃薯灰霉病

块茎偶有受害，在收获前发病症状一般不明显，贮藏期扩展严重，多在贮藏期的块茎上发病。病部组织表面皱缩，皮下萎蔫，变为灰黑色，后呈黄褐色、半湿性腐烂，从伤口或芽眼处长出毛状密集的灰色霉层。有时呈干燥性腐烂，凹陷变褐，深度一般不超过1厘米。

2.病原及发病规律

为灰葡萄孢霉，属半知菌亚门真菌。病菌菌丝发达，有隔。分生孢子梗长而粗壮，褐色，较直立，上部多分支，分支上生出小梗，小梗顶端膨大，产生聚生葡萄穗状丛生的分生孢子。分生孢子椭球形至卵形，单细胞，无色或浅褐色。后期病菌可产生深褐色、球形或扁粒状的菌核，坚硬。

病菌越冬场所广泛，菌核在土壤里，菌丝体及分生孢子可在马铃薯病残体上、土表或土内以及种薯上，均可安全越冬，成为翌年的初侵染源。在田间病菌分生孢子借气流、雨水、灌溉水、昆虫和农事活动等进行传播，病菌从伤口、残花或枯衰的组织侵入，条件适宜时即可发病，进行多次再侵染，在窖内贮藏期进行传播，扩展蔓延。

病菌发育要求温度16～20℃，湿度95%以上，湿度影响尤为重要。低温高湿、早春寒冷、晚秋冷凉时发病重。重茬地、密度过大、冷凉阴雨等条件下病害易发生。干燥、阳光充足时病害扩展受到抑制。增施钾肥可降低块茎侵染。收获后块茎在低温、高湿下贮存不利于伤口愈合，会加重侵染和腐烂。

3. 防治妙招

（1）**严格挑选种薯**　尽量减少伤口，防止病菌侵染。

（2）**加强田间管理**　重病地实行粮薯轮作。高垄栽培，合理密植，减低郁闭程度。春季适当晚播，秋薯适当早收，避开冷凉气候。增施钾肥，提高植株抗性。适当灌水，提高地温，增强伤口愈合能力。清除病残体，减少侵染菌源。

（3）**药剂防治**　在马铃薯花前8～10天和谢花后进行病害预防。可用奥力克霉止50毫升，兑水15千克，进行2次喷雾。发病初期可用霉止50毫升＋大蒜油15毫升，进行全株均匀喷雾。每隔5天喷1次，连续防治2～3次，病情得到有效控制后转为预防。

也可用75%多菌灵可湿性粉剂600倍液，或40%多硫悬浮剂600倍液，或50%农利灵可湿性粉剂1000倍液，或50%速克灵可湿性粉剂1000倍液，或65%甲霉灵可湿性粉剂1000倍液，或60%灰霉克可湿性粉剂800倍液等药剂喷雾。

十五、马铃薯软腐病

全世界马铃薯产区每年都有不同程度的发生和为害，是马铃薯的主要病害之一。在马铃薯生长后期及贮藏期为害严重，一般年份可减产3%～5%，常与马铃薯干腐病复合感染，引起较大的损失。

1. 症状及快速鉴别

主要为害马铃薯叶片、茎及块茎（图3-16）。

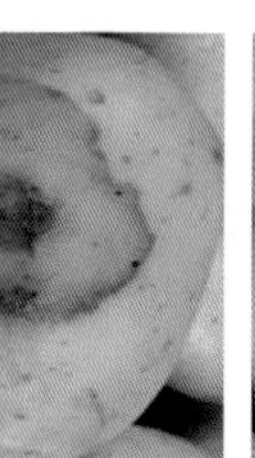
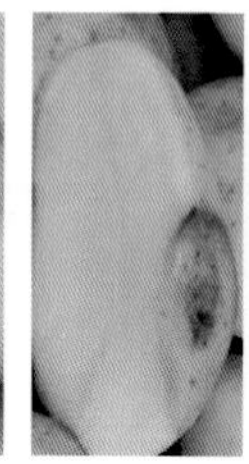
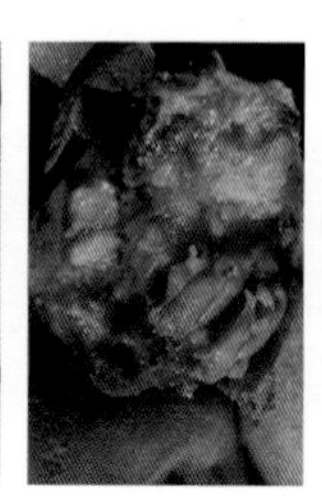
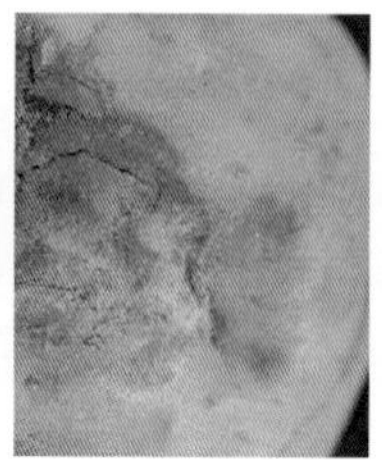
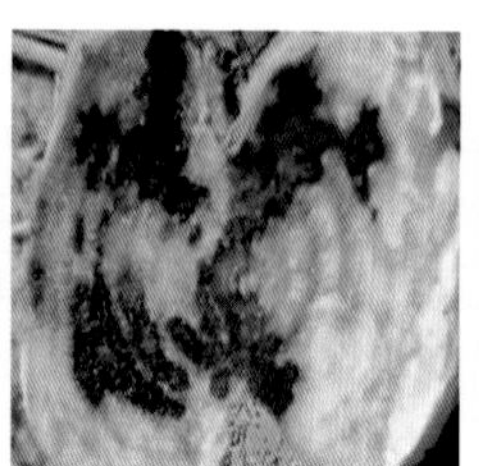
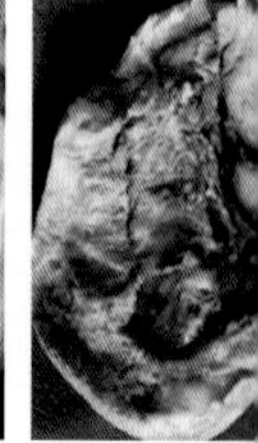

图3-16　马铃薯软腐病

叶片染病，近地面的老叶先发病，病部初呈不规则、暗绿或暗褐色病斑。湿度大时可造成叶片腐烂。

茎部染病，多在伤口开始发生，再向茎干蔓延。初呈褐色条斑，后茎内髓部组织逐渐腐烂，具恶臭味。病茎上部的叶片变黄，萎蔫下垂。

块茎染病，多由马铃薯皮层脐部或从伤口开始发生。初呈水浸状，表皮出现褐色病斑，整个薯块内部逐渐软腐，并有黏液流出，散发出臭味。薯块后期组织崩解，发出恶臭味，干燥后呈灰白色粉渣。

2. 病原及发病规律

由几种欧文氏菌单独或混合侵染。病原有3种，为胡萝卜软腐欧文氏菌胡萝卜软腐致病变种、胡萝卜软腐欧文氏菌马铃薯黑胫亚种及菊欧氏菌，属细菌。菌体直杆状，单生，有时对生，革兰氏染色阴性。

病菌在病残体上或土壤中越冬。病菌经伤口或自然裂口侵入，借雨水飞溅或昆虫传播，进行扩展蔓延。

3. 防治妙招

（1）**清园灭菌**　发现带有马铃薯软腐病病株及时拔除，并用生石灰进行消毒，可减少田间初侵染和再侵染源。

（2）**加强田间管理**　注意通风透光和降低田间湿度。马铃薯生长中期遇干旱浇水时，要小水勤浇，避免大水漫灌。雨后及时排除积水，防止湿气滞留。收获期田间不要灌水过多，保持薯块适度含水量和较高的伤愈能力。

（3）**及时防治地下害虫**　可减少块茎伤口，避免病菌侵入。

（4）**药剂防治**　发病初期可用50%百菌通可湿性粉剂500倍液，或50%琥胶肥酸铜可湿性溶剂500倍液，或12%绿乳铜乳油600倍液，或47%加瑞农可湿性粉剂500倍液，或14%络氨铜水剂300倍液等药剂均匀喷雾。每隔7～10天喷1次，根据病情为害程度连续防治2～3次。

（5）**减少伤口**　成熟后及时采收。采收、选种和运输时注意尽量避免或减少块茎上造成机械损伤，减少侵染。

（6）**薯块入窖前处理**　严格选种，凡有机械损伤的薯块不准入窖贮藏。马铃薯入窖前可用代森锰锌、混杀硫等消毒剂处理薯块。

（7）**加强贮藏期管理**　窖贮时注意搞好通风降湿，做到干净、干燥、通风，缓解病害的侵染和发展。堆放马铃薯的薯块高度不超过30厘米，约10天翻捡1次，随时剔除带有马铃薯软腐病的病烂薯。

十六、马铃薯黑痣病

也叫马铃薯褐色粗皮病、马铃薯茎溃疡病。近年来，许多马铃薯主产区由于无法实现轮作倒茬，导致马铃薯黑痣病的发生与为害日益严重。一般田块马铃薯黑痣病发病株率在5%～10%，发病严重的地块可达到70%～80%。

1.症状及快速鉴别

主要为害马铃薯幼芽、茎基部及块茎（图3-17）。

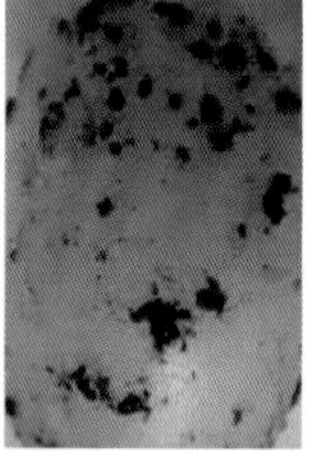
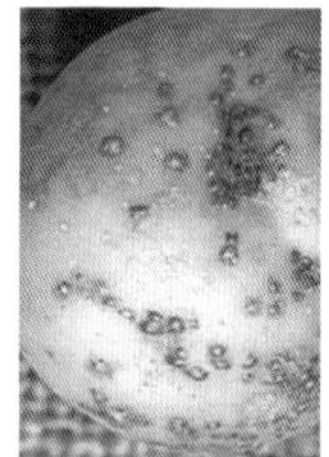

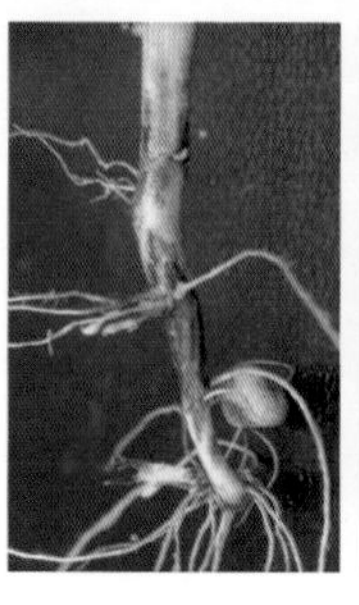
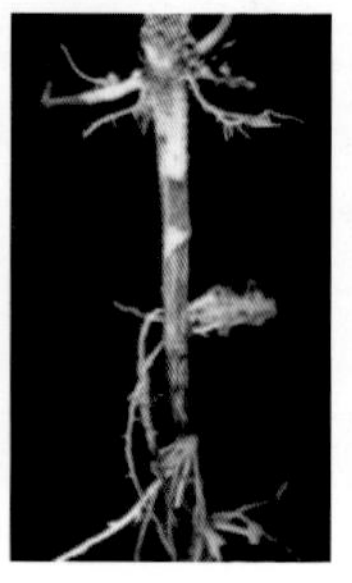

图3-17　马铃薯黑痣病

幼芽染病，有的在出土前芽腐烂，造成缺苗。幼苗出土后染病，植株下部叶片发黄，茎基形成褐色凹陷病斑，病斑1～6厘米，病斑上或茎基部常覆有灰色菌丝层，有时茎基部及块茎上产生大小不等、形状各异的块状或片状、散生或聚生的菌核。轻者症状不明显，重者可形成幼苗立枯或顶部萎蔫，或叶片卷曲呈舟状，心叶节间较长，呈紫红色。严重时茎节腋芽产生紫红色或绿色气生块茎，或地下茎基部产生许多无经济价值的小马铃薯，表面散生许多黑褐色菌核（图3-17）。

2.病原及发病规律

为立枯丝核菌，属半知菌亚门真菌。

以残留在病薯上或土壤中的菌核越冬，是一种典型的土传和种传病害，病原菌在土壤中可存活2～3年。带病种薯是翌年的初侵染源，也是远距离传播的主要途径。马铃薯生长期间，病菌从土壤中根系或茎基部伤口侵入，引起发病。马铃薯黑痣病的发生与早春气候及潮湿条件有关，播种早或播后土温较低，土壤湿度大，发病重。

3.防治妙招

（1）**种薯处理**　为了预防种薯带病和土壤传染，播种薯块时可用50%的多菌灵可湿性粉剂500倍液，或50%福美双可湿性粉剂1000倍液浸种10分钟。也可在播种前用种薯重量的0.3%井冈霉素均匀喷雾处理块茎，能取得较好的防治效果。如果切块，切面应沾上灶灰播种，或采用福美双与戊菌隆混合药剂进行拌种。

（2）**实行轮作**　与非寄主作物实行3～5年轮作。

（3）**药剂防治**　种薯播种后覆土前可用嘧菌酯药液在垄沟喷施到薯块和土壤中，每667平方米用量30～50毫升，然后再进行覆土。田间发病时可用75%的百菌清可湿性粉剂1000倍液，或70%的代森锰锌可湿性粉剂600倍液喷雾防治，每隔7天喷1次，共喷2～3次。

十七、马铃薯黑胫病

也叫马铃薯黑脚瘟，黑腿病。受害的马铃薯植株茎基部以下部位组织变黑腐烂，所以叫马铃薯黑胫病。在全国各地均有发生和为害，是一种细菌性病害，严重影响马铃薯的产量及质量。植株发病率轻的2%～5%，重的可达50%，造成马铃薯大幅度减产。

1.症状及快速鉴别

主要侵染马铃薯茎或薯块，从苗期到生育后期均可发病（图3-18）。

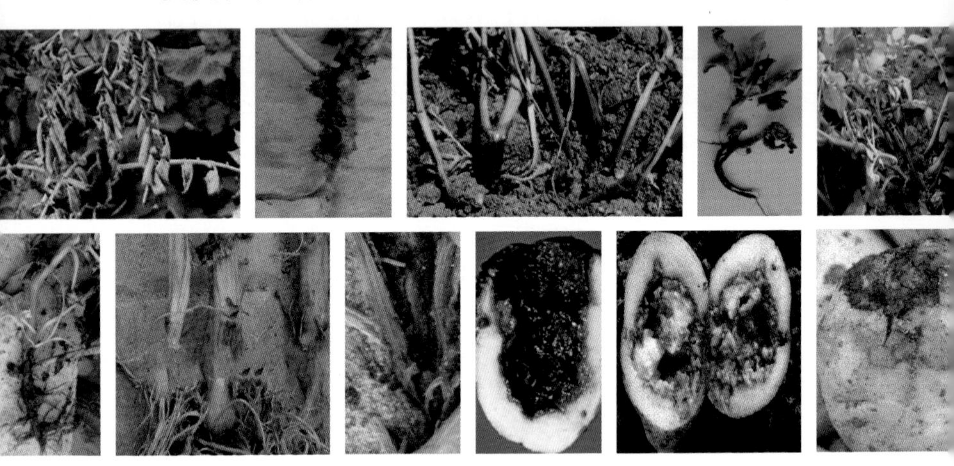

图3–18　马铃薯黑胫病

幼苗染病，一般株高15～18厘米时出现发病症状。感病幼苗生长缓慢，植株矮小，节间短缩。有的叶片上卷，褪绿黄化。有的腹部变黑，植株细弱，萎蔫死亡。茎横切时可见3条主要维管束变为褐色。

马铃薯成株期黑胫病的症状迅速出现，晴天更为明显，叶片凋萎下垂，发病早的可全株凋萎，但不卷叶。最明显的症状是茎基(接近地面的地上和地下数厘米内)变黑，茎迅速软化腐烂，茎秆极易从土中拔出。茎秆拔出后可见顶端带有母薯的腐烂物，发病茎秆常自动开裂。后期植株矮化变黄，叶片向上反转，茎基棕色或棕黑色，茎秆破裂后出现大量黏液。

薯块染病，从脐部开始发病，病部黑褐色，呈放射状向髓部扩展，横切薯块可见维管束也呈黑褐色，用手挤压皮肉不分离。湿度大时薯块变为黑褐色，腐烂发臭，可区别于青枯病。

种薯染病，腐烂成黏团状，不发芽，或刚发芽即烂在土中，不能出苗。

2. 病原及发病规律

为胡萝卜软腐欧文氏菌马铃薯黑胫亚种，属细菌。菌体短杆状，单细胞，周生鞭毛，具夹膜，革兰氏染色阴性，能发酵葡萄糖产生出气体，菌落微凸，乳白色，边缘齐整圆形，半透明反光，质黏稠。病菌适宜温度10～38℃，最适为25～27℃，高于45℃即失去生活力。

主要是病种薯带菌，土壤一般不带菌。病菌先通过切薯块扩大传染传给种薯，造成母薯腐烂，引起更多种薯发病，再经过母薯维管束或髓部进入植株地上茎，引起地上部发病。田间病菌还可通过灌溉水、雨水或昆虫传播，经伤口再侵染健株导致发病。后期病株上的病菌又从地上茎通过匍匐茎传到新长出的块茎上。在贮藏期间病菌通过病健薯接触，经伤口或皮孔侵入，使健薯染病。

马铃薯贮藏期和窖内通风不好，通气不良，或湿度大、温度高，有利于病情扩展，容易造成马铃薯烂窖。多雨、低洼地块，排水不良发病重。病害发生程度与温、湿度有密切的关系，气温较高时发病重。高温、高湿有利于细菌繁殖和为害。黏重土壤一般土温低，植株生长缓慢，不利于寄主组织木栓化的形成，降低了抗病菌侵入的能力，黏重土壤含水量大，有利于细菌繁殖、传播和侵入，因此黏重土壤发病严重。播种前种薯切块堆放在一起，不利于切面伤口迅速形成木栓层，也会使发病率增高。

3. 防治妙招

（1）**选用抗病品种** 各地可因地制宜地选用本地抗、耐病性强的马铃薯优良品种，如抗疫1号、胜利1号、反帝2号、渭会2号、渭会4号和渭薯2号等优良品种。

（2）**实行合理轮作** 每隔3～4年合理轮作换茬1次，避免连作，可以避免病菌感染。不要在低洼易涝地块种植马铃薯。

（3）**选用无病种薯，建立无病留种田** 选择无病马铃薯块茎作种。采用单株选优，芽栽或整薯播种。在收获后种薯入库、出库切块时都要注意严格淘汰病薯。

（4）**种薯入窖** 种薯入窖前要严格挑选。入窖后加强管理，窖温控制在1～4℃，要求通风良好，防止窖温过高，湿度过大。

（5）**催芽晒种，淘汰病薯** 可采用土沟薄膜催芽晒种，具体做法：在播种前约25天，挖深0.5米、宽1～1.3米的土沟，长度根据种薯的数量而定。沟底铺草厚10～13厘米，上堆种薯3～4层，盖上塑料薄膜，保持温度17～25℃催芽约7天，当幼芽催出火柴头大小时，白天揭膜晒种，夜间盖草帘防冻，经常检查，将病薯彻底淘汰。

（6）**种薯消毒** 可用40%福尔马林1份，加水200份，配制成福尔马林溶液，浸泡种薯3～5分钟拿出堆起，加上薄膜闷蒸2小时后将堆薯摊开，在阴凉处晾干。

（7）**种薯切块** 种薯切块后用草木灰拌种，立即进行播种。切块时也要注意切刀应保持经常消毒，养成一个良好的消毒习惯。

（8）**适时早播，促使早出苗** 加强管理，发现病株及时挖除带有马铃薯黑胫病的薯苗。注意少浇水，降低土壤湿度，提高地温，促进早出苗。

（9）**田间发现病株，及时挖除** 从幼苗出土后注意田间病害发生情况，发现有病株时应及时拔掉，清除田间病残体，特别是留种田更要细心挖除，减少菌源。拔除病株的空穴用生石灰进行消毒。将拔掉的病株深埋土中，以免再次传染。

（10）**药剂防治** 对可疑的马铃薯植株可用72%链霉素可溶性粉剂4000倍液，或25%络氨铜水剂500倍液，或77%可杀得可湿性粉剂500倍液，或敌克松500～1000倍液等药剂喷雾防治。每隔7～10天喷1次，连续防治2～3次。

十八、马铃薯干腐病

主要在马铃薯贮藏期，病害比较普遍发生。

1.症状及快速鉴别

主要侵染马铃薯的块茎。

通常是块茎经过一段时间的贮藏后才开始表现症状。开始发病时薯块仅表皮局部颜色发暗，块茎上出现褐色小斑，在发病部位略微凹陷。随后病斑逐步扩展，逐渐形成皱褶，呈同心环纹状下陷皱缩。有时薯块上面长出灰白色的绒状颗粒，即病菌子实体。后期薯块内部变为褐色，剖开病薯可见内部常呈空心，空腔内长满菌丝。由病菌菌丝体紧密交错在一起的凸出层上面着生白色、黄色、粉红或其余色彩的孢子团。发病后期薯肉坏死组织变为灰褐或深褐色，最终导致整个块茎僵缩干腐、变轻变硬，不堪食用。有时浮现各种色彩，形成空洞。在湿润条件下也可转为软腐（图3-19）。

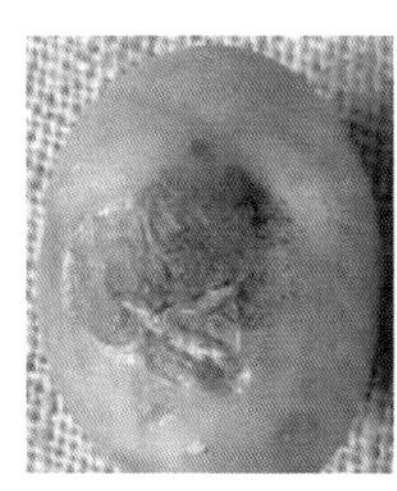
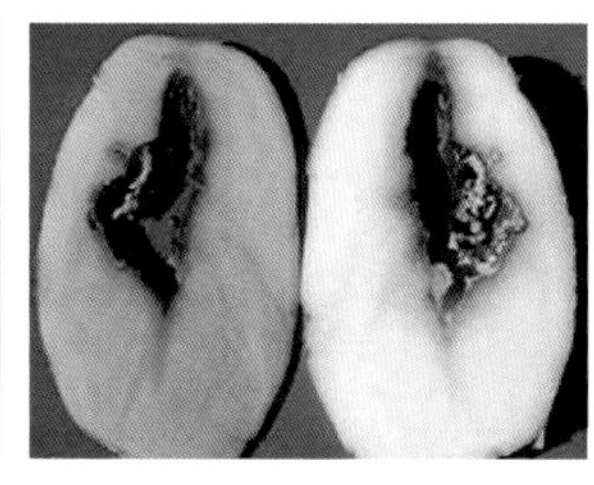
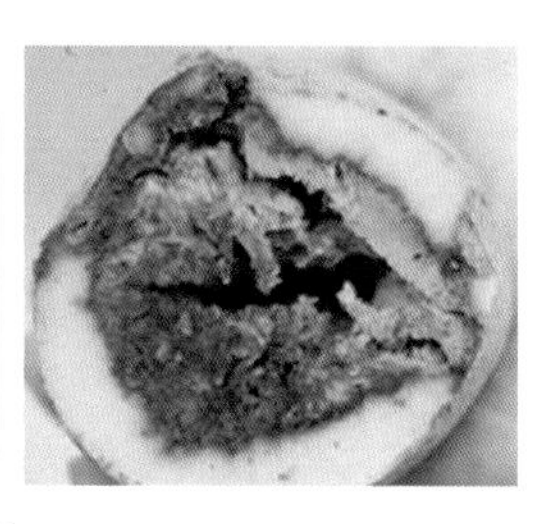

图3-19　马铃薯干腐病

2. 病原及发病规律

为深蓝镰孢菌和腐皮链孢霉，均属半知菌亚门真菌。

病菌以菌丝体或分生孢子在马铃薯病残组织或土壤中越冬。为弱寄生菌，多从伤口或芽眼侵入。病菌在5～30℃条件下均能生长。贮藏条件差，通风不良，有利于发病。

3. 防治妙招

（1）**清园灭菌**　生长期发现病害时，及时清除病果、病叶、病枝等病株残体。采收后彻底清除病残落叶及残体，可减少病菌。

（2）**生态防治**　对保护地及田间做好通风降湿，保护地应尽量减少或避免叶面结露。同时要预防冻害。

（3）**加强田间管理**　不要偏施氮肥，适当增施磷、钾肥。培育壮苗，提高植株自身的抗病力。适量灌水，阴雨天或下午不宜浇水，生长后期雨季注意排水。

（4）**避免造成机械伤口**　马铃薯收获及运输时注意尽量避免块茎擦伤造成伤口。收获后在田间晾干块茎表皮，充分晾干后再进行挑选、装运、入窖，操作时严防碰伤。贮藏前将块茎在通风干燥处摊开

2～3天，使薯皮晾干，伤口愈合。

（5）**入窖后加强管理** 窖内保持通风干燥，窖温控制在1～4℃。发现病烂薯及时淘汰除去，减少菌源。

（6）**药剂防治** 马铃薯开花期和果实膨大期是防治病害的关键时期。可用奥力克霉止300～500倍液稀释，在发病前或发病初期均匀喷雾，每隔5～7天喷药1次，喷药次数视病情为害程度而定。病情严重时用奥力克霉止300倍液稀释，每隔3天喷施1次，连续防治2～3次。

提示 施药时应避开高温时间段，最佳施药温度为20～30℃。

发病严重的地区，在贮藏前种薯可用特效杀菌王乳剂800倍液，或0.2%的甲醛溶液均匀喷雾。

提示 马铃薯采收后要在田间晾干表皮，再进行装运，以利于贮藏。

十九、马铃薯红周刺座霉干腐病

1.症状及快速鉴别

主要为害块茎。

块茎发病，病斑淡褐色，凹陷，表皮皱缩（图3-20）。

图3-20 马铃薯红周刺座霉干腐病

2.病原及发病规律

为红周刺座霉，属半知菌亚门真菌。分生孢子座半球形，粉红色，菌落表生。刚毛无色，周生。分生孢子单胞无色，椭圆形，含油滴。

马铃薯红周刺座霉干腐病常与镰刀菌干腐病混合发生。单独刺伤接种发病较轻。与镰刀菌干腐病菌混合接种，可加速马铃薯红周刺座霉干腐病引起的腐烂。

3.防治妙招

（1）**清园灭菌** 生长期发现马铃薯发病时，及时清除病薯块、病叶、病枝等病株残体。采收后彻底清除病残体，可减少病菌。

（2）**生态防治** 做好通风降湿，保护地应减少或避免马铃薯叶面结露。

（3）**加强田间管理** 不要偏施氮肥，适当增施磷、钾肥。培育壮苗，提高植株自身的抗病力。适量灌水，阴雨天或下午不宜浇水，生长后期雨季注意排水。

（4）**避免造成机械伤口** 马铃薯收获及运输时，注意尽量避免块茎擦伤造成伤口。收获后在田间晾干块茎表皮，充分晾干后再进行挑选、装运、入窖，操作时严防碰伤。贮藏前将块茎在通风干燥处摊放2～3天，使薯皮晾干，伤口愈合。

（5）**入窖后加强管理** 窖内保持通风干燥，窖温控制在1～4℃。发现病烂薯及时淘汰除去，减少菌源。

（6）**药剂防治** 开花期和果实膨大期是防治病害的关键时期。可用奥力克霉止300～500倍液稀释，在发病前或发病初期均匀喷雾，每隔5～7天喷药1次，喷药次数视病情为害程度而定。病情严重时用奥力克霉止300倍液稀释，每隔3天喷施1次，连续防治2～3次。

发病严重的地区，在贮藏前种薯可用特效杀菌王乳剂800倍液，或0.2%的甲醛溶液等药剂均匀喷雾。

二十、马铃薯立枯病

也叫立枯丝核菌病，是严重的土传病害。主要为害马铃薯的幼芽，常造成幼苗死亡。由于病苗大多直立枯死，故称为立枯病。

1.症状及快速鉴别

主要为害幼芽、茎基部及块茎。幼芽受害最为严重（图3-21）。

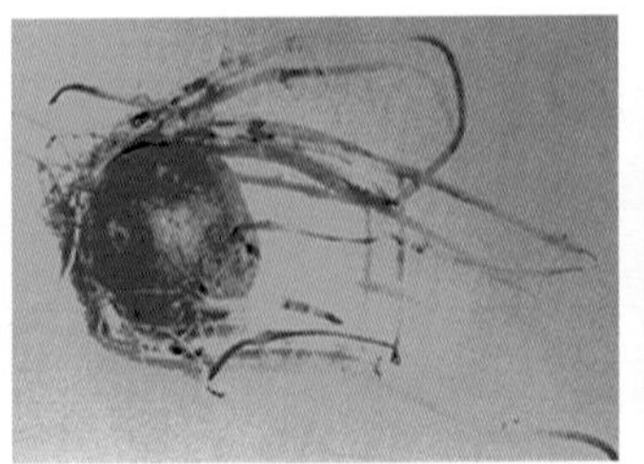

图3-21　马铃薯立枯病

幼芽染病，在芽上产生黑褐色病斑，病斑逐渐扩大使组织坏死。有的出土前芽腐烂形成芽腐，造成缺苗。

幼苗出土后染病，初在植株下部叶片发黄，茎基形成褐色的凹陷斑，大小1～6厘米。病斑上或茎基部常覆有紫色菌丝层。有时茎基部及块茎生出大小不等（0.5～5毫米）、形状各异的块状或片状、散生或聚生的小菌核。严重时可形成立枯，或顶部萎蔫，叶片卷曲。茎部受害，可伤及导管系统，造成植株萎蔫死亡。

马铃薯幼根、根毛和匍匐茎受害，也表现为黑褐色的病斑组织坏死。

块茎受伤会出现大小不等、形状不一的黑色斑块。

2. 病原及发病规律

为立枯丝核菌，属半知菌亚门真菌。初生菌丝无色，分支呈直角或接近直角，分支处多缢缩，具1隔膜，新分支菌丝逐渐变为褐色，变粗短后纠结成菌核。菌核初为白色，后变为淡褐或深褐色，大小0.5～5毫米。菌丝生长最低温度4℃，最高32～33℃，最适23℃，34℃停止生长，菌核形成适温23～28℃。病菌除侵染马铃薯外，还可侵染豌豆。

以病薯上或残留在土壤中的菌核越冬。带病种薯是翌年的初侵染源，也是远距离传播的主要途径。立枯病的发生与春寒及潮湿条件有关，播种早或播后土温较低，发病重。

3. 防治妙招

（1）选用抗病品种　各地可根据实际情况因地制宜地选用适合本

地区的相对抗、耐病性强的优良品种，如渭会、高原系统、胜利1号等优良品种较抗病。

（2）**采用无病薯播种**　建立无病留种田，采用脱毒无病健康种薯播种。

（3）**适期播种**　发病重的地区，尤其是高海拔冷凉山区要特别注意适期播种，避免早播。

（4）**种薯处理**　播种前可用50%的多菌灵可湿性粉剂500倍液，或50%福美双可湿性粉剂1000倍液浸种10分钟。或用种薯重量0.3%的井冈霉素均匀喷雾处理块茎，能取得较好的防治效果。如果切块，切面沾上灶灰播种也可防病。

（5）**实行轮作**　与非寄主作物实行3～5年轮作。

（6）**药剂防治**　种薯播种后覆土前可用嘧菌酯药液在垄沟喷施到薯块和土壤中，每667平方米用量30～50毫升，然后再进行覆土。田间发病时可用75%的百菌清可湿性粉剂1000倍液，或70%的代森锰锌可湿性粉剂600倍液等药剂喷雾。每隔7天喷1次，共喷2～3次。

二十一、马铃薯白绢病

是马铃薯上常见的一种病害，分布普遍，全国各马铃薯种植区普遍发生和为害。

1.症状及快速鉴别

主要为害马铃薯块茎，有时也可为害茎基部。

薯块上密生白色丝状菌丝，并有棕褐色、圆形、菜籽状小菌核。切开病薯可见皮下组织变褐（图3-22）。

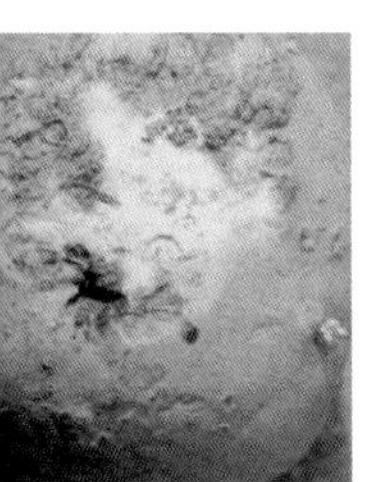
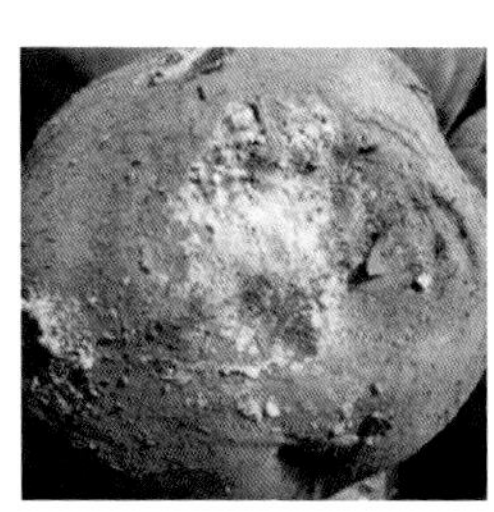
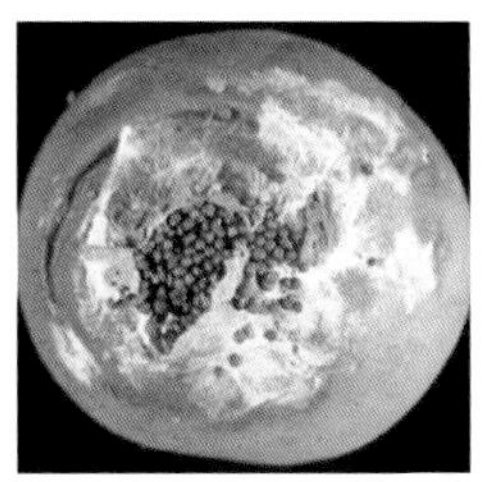
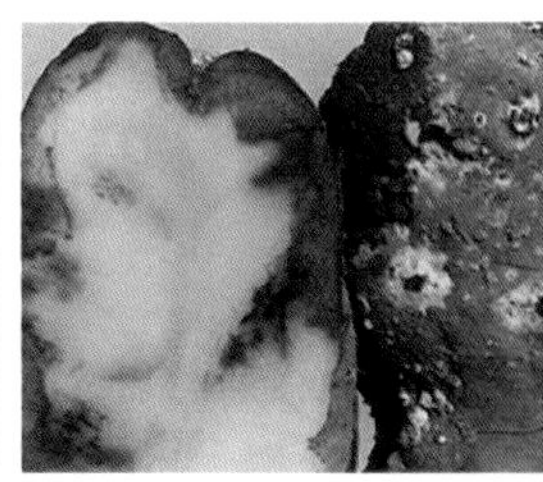

图3-22　马铃薯白绢病

2. 病原及发病规律

为齐整小核菌，属半知菌亚门真菌。菌丝无色，具隔膜。菌核由菌丝构成，初为白色，紧贴于寄主上；老熟后产生黄褐色、圆形或椭圆形的小菌核；高温、高湿条件下产生担子及担孢子。担子无色，单胞，棍棒状，小梗顶端着生单胞无色的担孢子。

以菌核或菌丝遗留在土壤中或马铃薯病残体上越冬。菌核抗逆性强，耐低温，在-10℃或通过家畜消化道后尚可存活，自然条件下经过5～6年仍具有萌发能力。菌核萌发后产生菌丝，从根部或近地表茎基部侵入，形成中心病株。后在病部表面产生白色绢丝状菌丝体及圆形小菌核，再向四周扩散。

菌丝不耐干燥，发育适温32～33℃，最高40℃，最低8℃，pH值范围1.9～8.4，最适pH值为5.9。在田间病菌主要通过雨水、灌溉水、肥料及农事操作等传播蔓延。南方6～7月高温潮湿发病重。马铃薯地块湿度大或栽植过密，行间通风透光不良发病重。施用未充分腐熟的有机肥及连作的地块发病重。

3. 防治妙招

（1）**合理轮作**　发病重的地块应与禾本科作物轮作，有条件的进行水旱轮作效果更好。

（2）**深翻土地**　将病菌翻到土壤下层可减少病害的发生。

（3）**清园灭菌**　在菌核形成前拔除病株，病穴撒石灰进行消毒。

（4）**科学施肥**　施用充分腐熟的优质有机肥，适当追施硫酸铵或硝酸钙可减少发病。

（5）**调整土壤酸碱度**　结合整地，酸性土壤每667平方米施消石灰100～150千克，使土壤呈中性至微碱性。

（6）**药剂防治**　发病严重时每667平方米可用40%五氯硝基苯1千克＋细干土40千克混匀后，撒施在马铃薯茎基部土壤上。也可喷洒50%拌种双可湿性粉剂500倍液，或50%混杀硫500倍液，或36%甲基硫菌灵悬浮剂500倍液，或20%三唑酮乳油2000倍液等药剂。每隔7～10天防治1次，连续防治2～3次。

此外，也可用20%利克菌（甲基立枯磷）乳油1000倍液，在发病初期灌穴或淋施，每隔15～20天防治1次，连续进行1～2次。

二十二、马铃薯癌肿病

1.症状及快速鉴别

主要为害马铃薯地下部（图3-23）。

图3-23 马铃薯癌肿病

被害块茎或匍匐茎由于病菌刺激寄主细胞不断分裂，形成大大小小的菜花头状的瘤，表皮常龟裂。癌肿组织前期呈黄白色，后期变为黑褐色，松软，易腐烂，并产生恶臭味。

病薯在窖藏期仍能继续扩展为害。严重时病薯变黑，发出恶臭味，造成烂窖。

田间病株地上部初期与健株无明显区别，后期病株较健株高，叶色浓绿，分支多。重病田块部分病株的花、茎、叶片均可被害，产生癌肿病变。

2.病原及发病规律

为内生集壶菌或马铃薯癌肿菌，属鞭毛菌亚门真菌。孢子囊堆近球形，内含若干个孢子囊。孢子囊球形，锈褐色，壁具脊突，孢子囊萌发时释放出游动孢子或合子。游动孢子具单鞭毛，球形或洋梨形，合子具双鞭毛，在水中均能游动，也可进行初侵染和再侵染。

病菌以休眠孢子囊在马铃薯病组织内，或随病残体遗落在土中越冬。休眠孢子囊抗逆性很强，甚至可在土中存活25～30年，遇到条件适宜时孢子萌发产生游动孢子和合子，从寄主表皮细胞侵入，经过生长产生孢子囊。孢子囊可释放出游动孢子或合子，进行重复侵染。并刺激寄主细胞不断分裂和增生。在马铃薯生长季节结束时病菌又以休眠孢子囊转入病残体中越冬。

在低温多湿、气候冷凉、昼夜温差大、土壤湿度高、温度在12～24℃的条件下有利于病菌的侵染。主要发生在四川、云南等海拔约2000米的冷凉山区。此外土壤有机质丰富和酸性条件有利于发病。

3.防治妙招

（1）**严格检疫**　划定疫区和保护区，严禁疫区种薯向外调运。发病田的土壤及其地块生长的植物也严禁外移。

（2）**选用抗病品种**　品种间抗性差异大，我国云南的马铃薯“米粒”优良品种表现高抗病，各地可根据实际情况，因地制宜地选用适合本地区的相对抗、耐病性强的优良品种。

（3）**合理轮作**　重发病地块不宜再种马铃薯，一般发病地块也应根据实际情况，改种其他非茄科作物。

（4）**加强栽培管理**　做到勤中耕除草。施用充分发酵腐熟的优质有机肥，增施磷、钾肥。

（5）**清园灭菌**　及时挖除病株，带出菜园外集中深埋或烧毁。清除病株后撒生石灰消毒。收获后及时清除田间病株残体，带出菜园外集中销毁或深埋。同时深翻土地，消灭或减少菌源。必要时可对发病地块进行土壤消毒。

（6）**药剂防治**　发病初期及早施药防治。对于坡度不大、水源方便的田块，当已经有70%的幼苗已出苗至齐苗期，可用20%的三唑酮乳油1500～2000倍液，每667平方米菜田用药液50～60升进行浇灌。在水源不方便的田块可在马铃薯苗期和蕾期喷施20%的三唑酮乳油2000倍液，有较好的防治效果。

二十三、马铃薯根腐线虫病

是严重为害马铃薯的病害之一，对马铃薯造成普遍为害，使马铃薯大量减产，还可导致多种病害并发症状。

1.症状及快速鉴别

主要为害根部。严重时植株矮小，地上部黄化，薯块表面产生黑褐色小斑点，或褐色溃疡斑（图3-24）。马铃薯贮藏中病斑扩展后可引起腐烂。

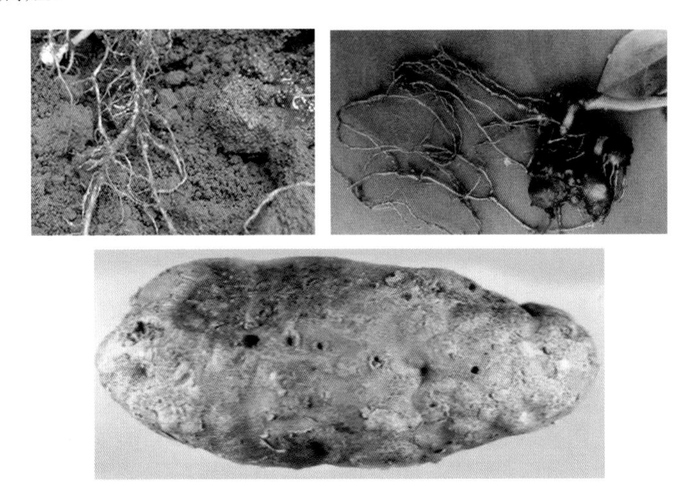

图3-24　马铃薯根腐线虫病

线虫为害产生的伤口为病菌侵染提供了非常有利的条件。因此线虫发生重的地块，会加重马铃薯枯萎病、黄萎病等土传病害的发生和蔓延。

2.病原及发病规律

为咖啡短体线虫和伤残短体线虫，均属植物寄生线虫。两种线虫的形状相似，低龄线虫纤细，完全成熟后变宽，吻针粗短，较强壮，具圆形吻针基球，食道有1较窄中食道球，雌虫的阴门位于体后，侧区有等距纵线4条，尾部逐渐变细，末端圆形无侧线，雄虫交合刺小，稍弯。

（1）**咖啡短体线虫**　成、幼虫均为圆筒形，蚯蚓状，唇部低且扁平，有很有力的吻针。雌线虫阴门位于虫体后部近尾端处，雄虫尾部发达。雌成虫将卵产在根组织里，孵出的幼虫在附近为害，每个雌虫产卵约20粒，繁殖适温为25～30℃，在适温条件下30～40天完成1

代，一年可产生多代。

（2）**伤残短体线虫** 雌虫长0.46～0.91毫米，雄虫较雌虫略短、稍细。从2龄幼虫至成虫期均可侵入马铃薯根系，其中4龄幼虫和雌成虫是重要的侵染为害阶段，雌虫将卵产在块根里或土壤中，第一次脱皮在卵中进行，产生2龄幼虫。从卵中孵出的幼虫脱3次皮，产生4龄幼虫在块根里移动和取食为害，生活历期25～50天。

土壤湿度高不利于线虫成活。

3. 防治妙招

（1）**清园灭菌** 马铃薯收获后及时清除田间病株残体，带出菜园外集中销毁或深埋。清除病株后撒生石灰消毒，深翻土地，消灭或减少虫源。

（2）**严格选种** 种植无线虫的种薯。

（3）**施足基肥** 种植前每667平方米地块施充分腐熟的干燥鸡粪150～500千克作为基肥，有较好的防治效果。

（4）**合理轮作** 实行2年以上轮作，有条件的最好实行水旱轮作。

（5）**药剂防治** 在种植前可用20%的二溴氯丙烷（DBCP）颗粒剂，施药时先开沟，沟间距60厘米，沟深15厘米，将药撒匀后再覆土，用药量15～20克/平方米。也可先开好播种沟，用30%除线特乳剂按每667平方米菜田用药1.5～2.5千克，兑水140～230千克稀释后进行淋浇，有显著的防治效果。

二十四、马铃薯金线虫病

也叫马铃薯胞囊线虫病。马铃薯幼苗期至成株期均可受害，主要分布在美、欧大部分国家和亚洲少数国家，是我国对外检疫对象。

马铃薯金线虫见图3-25。

1. 症状及快速鉴别

金线虫为害后，植株生长不良，叶片上产生斑点或黄化，叶丛萎蔫或死亡。扒开病根可见马铃薯胞囊线虫雌线虫死后形成的金黄色胞囊。

雌虫刚钻出时为白色，以后4～6周为金黄色阶段，可区别于其他的线虫。

 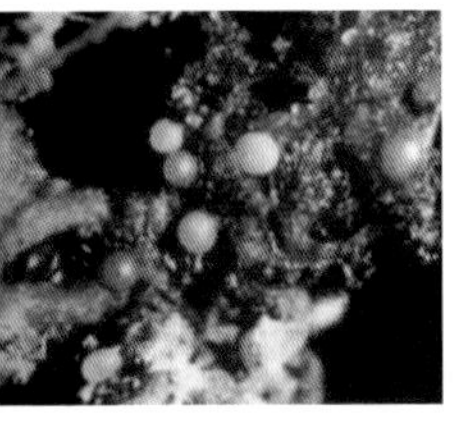

图3-25　马铃薯金线虫

2.病原及发病规律

为马铃薯金线虫(金色球胞囊线虫)，属线虫纲球形胞囊线虫属，是马铃薯一种毁灭性害虫。

（1）**成虫**　金线虫雌雄异型，雌虫球形或近球形，颈短小，成熟时金黄色，表面具刻点，后形成金黄色至褐色球形胞囊。雄虫细长蠕虫形，似蚯蚓一样慢慢地爬动，具交合刺1对，位于尾端部，无孢片。

（2）**幼虫**　2龄幼虫尾圆锥形，逐渐变细，末端细圆。

以胞囊在马铃薯病薯块、病根及病土中越冬。翌年春季从土壤中休眠孢囊里的卵孵化出幼虫侵入马铃薯的根内，在根的组织中发育成3～4龄幼虫，发育到成虫以后钻出到根表面，雄虫回到土壤中，雌虫受精后仍然附着在根的表面上，并长成新的胞囊。雌虫胀破胞囊外露，内含卵数十至数百粒。

马铃薯金线虫抗逆性强，在干燥条件下卵经过9～25年仍然可以存活。除为害马铃薯外，还可为害番茄等蔬菜作物。

3.防治妙招

（1）**严格检疫**　尚未发生马铃薯金线虫虫害的地区要进行严格的检疫，防止种薯、苗木、花卉鳞茎及土壤传播。供外运的种薯尽可能不带土，如果带土要注意镜检，检查泥土中是否有雌虫或胞囊。

（2）**合理轮作**　在发生马铃薯金线虫为害地区实行10年以上的轮作，最好是水旱轮作。

（3）**选育抗性强的品种**　各地可根据实际情况，因地制宜地选用适合本地区的相对抗、耐线虫性强的优良品种进行种植。

（4）**药剂防治**　每667平方米用5%茎线灵颗粒剂1～1.5千克，撒在马铃薯茎基部，然后覆土浇水。

二十五、马铃薯茎线虫病

1.症状及快速鉴别

主要为害马铃薯块茎。块茎表皮呈现褐色龟裂，有的外部症状不明显，内部出现点状空隙，或呈糠心状，薯块重量减轻。地上部萎蔫变黄（图3-26）。

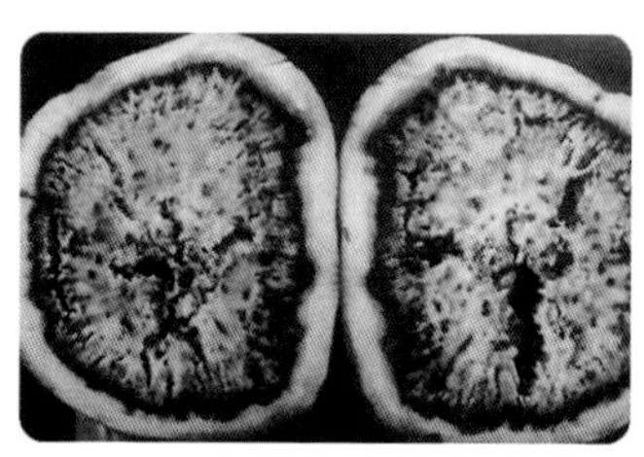

图3-26　马铃薯茎线虫病

2.病原及发病规律

为马铃薯腐烂线虫，属植物寄生线虫。

（1）**成虫**　成熟的雌虫和雄虫都是细长蠕虫形，雌虫比雄虫大。虫体前端的唇区较平，无缢缩，尾部长圆锥形，末端钝尖。虫体表面的角质膜上具细环纹，角质膜上具侧带，侧带上明显呈现6条纵行的侧线。雌虫的阴门大约位于虫体后部的3/4处，雄虫的孢片不能包住整个尾部。食道口针细小，有基部球，中食道球卵圆形，具瓣，食道腺明显，近乎前窄后宽的圆锥形。神经环位于食道狭部的偏后位置。雌虫单卵巢，前伸，无曲折，卵巢的起点常接近于肠的前端。发育中的卵为圆形。雄虫有1对交合刺，略弯曲，后部较宽，末端尖，在每个交合刺的宽大处，有两个指状突起（图3-27）。

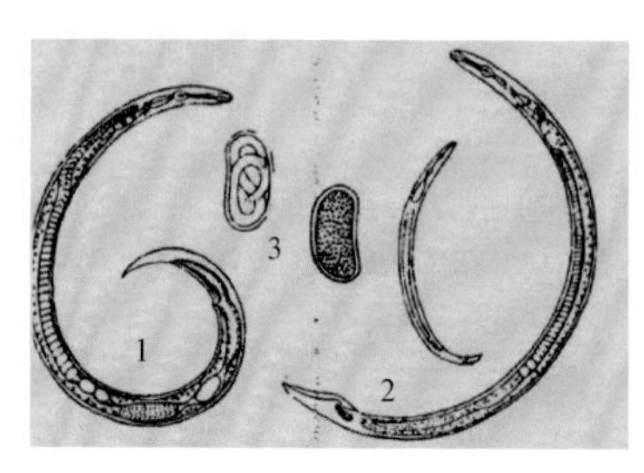

图3-27　马铃薯茎线虫

1—雌虫；2—雄虫；3—虫卵

（2）**卵**　卵长大于体宽，卵宽约为卵长的1/2。

条件适宜时每雌虫产卵1～3粒，一生共产卵100～200粒，从产卵到孵化为成虫需20～30天。茎线虫在2～30℃活动，高于7℃即可产卵和孵化，25～30℃最适宜，对低温忍耐力强。-25℃经7小时致死，高于35℃茎线虫不活动，用48～49℃温水浸10分钟即死亡。

茎线虫可终年繁殖，在马铃薯整个生长期及贮藏期连续为害。干燥条件下马铃薯茎线虫在薯块中可存活1年，在田间土壤中可存活3～5年。主要通过种薯、土壤、粪肥及秧苗进行传播。线虫多以成虫或幼虫在土壤中越冬，从薯块附着点侵入，沿髓或皮层向上活动，营寄生生活。带有茎线虫的薯块种到大田后茎线虫随着传入，但主要留在薯内活动到结新薯块后钻入。即使栽植无病薯块，土壤中的线虫可在种植后12小时侵入幼苗，从苗的末端自根或所形成的小薯块表皮上自然孔口或伤口直接以吻针刺孔侵入，导致细胞空瘪，或仅残留细胞壁及纤维组织，薯块呈干腐糠心状。

3. 防治妙招

（1）**严格检疫**　对马铃薯种薯进行严格检疫。

（2）**选用无病种薯**　建立无病留种田，选用无病种薯。选用抗病品种。

（3）**清园灭菌**　马铃薯收获后及时清除田间病株残体，带出菜园外集中销毁或深埋。清除病株后撒生石灰消毒，深翻土地，消灭或减少虫源。

（4）**合理轮作**　提倡与烟草、水稻、棉花、高粱等作物进行轮作。

（5）**配方施肥**　施用充分腐熟的有机肥，避免偏施氮肥，增施磷、钾肥。

（6）**药剂防治**　每667平方米用5%茎线灵颗粒剂（或二氯异丙醚乳油）1～1.5千克，撒在马铃薯茎基部，或距离薯块或根部15厘米处开沟深10～15厘米，两侧施药后立即覆土浇水。

应急时，可喷洒10%吡虫啉可湿性粉剂3000倍液，持效期约15天，防效明显。

二十六、马铃薯菟丝子

1. 症状及快速鉴别

菟丝子以藤茎缠绕在马铃薯植株上为害，导致马铃薯受害株茎变细或弯曲，植株低矮，叶片小而黄，结薯小。为害严重时茎被菟丝子缠满，整株朽住不长直至死亡（图3-28）。

图3-28　马铃薯菟丝子

2.形态特征

为害的菟丝子常见有中国菟丝子和南方菟丝子两种。

（1）**中国菟丝子**　茎细弱，黄化，无叶绿素；花白色，花柱2条，头状，萼片具纵脊，使萼片出现棱角。中国菟丝子茎与马铃薯的茎接触后产生吸器，附着在马铃薯茎的表面吸收营养。

（2）**南方菟丝子**　藤线状，右旋缠绕，幼嫩部分初为黄色，后逐渐变为白色；蒴果，扁球形，吸器卵圆形，与中国菟丝子很相似。

两者主要区别：南方菟丝子萼片背面光滑无脊，蒴果成熟后花冠仅包住蒴果下半部，破裂时呈不规则开裂。中国菟丝子萼片背面具纵脊，雄蕊与花冠裂开互生，蒴果成熟后被花冠全部包住，破裂时呈周裂。

3.生活习性及发生规律

菟丝子种子可混杂在寄主种子内，或随着有机肥在土壤中越冬。种子外壳坚硬，经1～3年后才可发芽。在田间可沿畦埂地边蔓延，遇到合适的寄主即缠茎寄生为害。

4.防治妙招

（1）**精选种子**　防止菟丝子种子混入。

（2）**深翻土地**　土深达21厘米以上，可明显抑制菟丝子的种子萌发。

（3）**摘除菟丝子藤蔓**　带出田外烧毁或深埋，减少种子源。

（4）**人工除灭** 掌握在菟丝子幼苗未长出缠绕茎以前，进行锄灭。

（5）**合理轮作** 受南方菟丝子为害的地方，可选择实行与非菟丝子寄生性植物轮作。

（6）**推行厩肥经过高温发酵处理** 使菟丝子种子失去发芽力，或被高温发酵沤烂。

（7）**生物防治** 喷洒鲁保1号生物制剂，使用浓度要求每毫升水中含活孢数不少于3000万个，每667平方米用2～2.5升，在雨后或傍晚或阴天喷洒。每隔约7天喷1次，连续防治2～3次。

提示 在喷药前如果能破坏菟丝子茎蔓，人为地制造伤口，防治效果可明显提高。

二十七、马铃薯缺素症

（一）缺氮

1.症状及快速鉴别

马铃薯开花前植株矮小，生长弱，叶色淡绿，逐渐发黄。到生长后期马铃薯基部小叶片的叶缘完全失去叶绿素，发生皱缩，有时呈火烧状，叶片脱落（图3-29）。

图3-29 马铃薯正常叶片与缺氮叶片比较

2.病因及发病规律

缺氮多发生在有机质含量较低，酸度较高抑制硝化作用的沙质土上种植的马铃薯。

前茬施用有机肥或氮肥量少，土壤中含氮量低；或施用的稻草、玉米秸秆或杂草等太多；降雨多，氮素淋溶多时，均易造成缺氮。

3. 防治妙招

（1）**施足基肥**　提倡施用酵素菌沤制的堆肥，或充分腐熟的优质有机肥。

（2）**采用配方施肥**　维持各营养元素间的相对平衡。

（3）**科学施肥**　生产上发现马铃薯缺氮时，应立即埋施发酵好的人粪，也可将尿素或碳酸氢铵等混入10～15倍充分腐熟的有机肥中，施在马铃薯的两侧，施肥后应覆土浇水。也可结合马铃薯苗期施肥，每667平方米施入硫酸铵5千克或人粪尿750～1000千克。40天后施入促进长薯的肥料，每667平方米用硫酸铵10千克或人粪尿1000～1500千克。

（二）缺磷

1. 症状及快速鉴别

马铃薯早期缺磷，影响根系的发育和幼苗的生长。孕蕾至开花期缺磷，叶部皱缩呈深绿色。严重缺磷时基部叶片变成淡紫色，植株僵立，叶柄、小叶及叶缘朝上生长不向水平展开，小叶面积缩小呈暗绿色。薯块内部呈铁锈色（图3-30）。

图3-30　马铃薯缺磷症状

2. 病因及发病规律

土壤的固定作用使磷成为不可供给的状态。有的土壤天然含磷量低。前茬作物的过度消耗也可引起缺磷。马铃薯苗期时遇到低温影响磷的吸收。土壤偏酸或紧实也易发生缺磷症。

3.防治妙招

（1）合理施肥　施用酵素菌沤制的堆肥，或充分腐熟的优质有机肥。

（2）采用配方施肥，维持各营养元素间的相对平衡　基肥中每667平方米施过磷酸钙15～25千克混入有机肥中，施在10厘米以下的土壤耕作层中。马铃薯开花期每667平方米施过磷酸钙15～20千克。

（3）育苗期及定植期注意施足磷肥　培养土中要求有五氧化二磷1000～1500毫克。

（4）叶面喷肥　必要时也可叶面喷洒0.2%～0.3%的磷酸二氢钾，或0.5%～1%的过磷酸钙水溶液。

（三）缺钾

1.症状及快速鉴别

植株缺钾的症状出现较迟，一般到马铃薯块茎的形成期才会逐渐呈现出来。钾供应不足时叶片皱缩，叶片边缘和叶尖萎缩，甚至呈枯焦状，枯死组织棕色，叶脉间有青铜色斑点。茎上部节间缩短，茎叶过早干缩。严重时降低马铃薯的品质和产量（图3-31）。

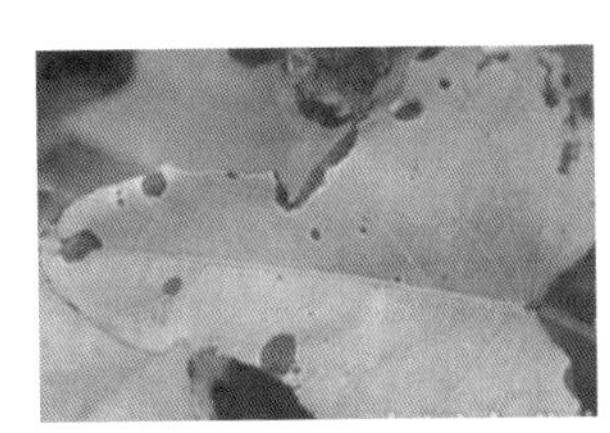

图3-31　马铃薯缺钾症状

2.病因及发病规律

淋溶的轻沙质土、腐质土及泥炭土易缺钾，常不能满足马铃薯的生长需要。土壤中含钾量低或沙性土易缺钾。马铃薯生育中期果实膨大需钾肥多，如果供应不足易发生缺钾。

3. 防治妙招

（1）**合理施肥**　施用酵素菌沤制的堆肥，或充分腐熟的优质有机肥。缺钾时在多施有机肥的基础上施入足够的钾肥。

（2）**采用配方施肥，维持元素间的平衡**　基肥中每667平方米混入200千克草木灰。施入长薯肥时，每667平方米用草木灰150～200千克或硫酸钾10千克兑水浇施。也可从植株两侧开沟施入硫酸钾、草木灰，施后再进行覆土。

（3）**叶面喷肥**　在收获前40～50天喷施1%的硫酸钾，每隔10～15天喷1次，连用2～3次。也可叶面喷洒0.2%～0.3%的磷酸二氢钾，或1%的草木灰浸出液。

提示　用草木灰浸出液补钾可就地取材，经济实惠，效果好。一般常用1.5～2.5千克的草木灰，用水50千克浸泡14小时后，取上面经过过滤的澄清液进行叶面喷布，即是很好的钾肥，还含有其他的一些中微量营养元素，值得推广应用。

（四）缺铁

1. 症状及快速鉴别

马铃薯幼龄叶片轻微失绿，小叶的尖端边缘处长期保持绿色。褪色的组织向上卷曲，出现清晰的浅黄色至纯白色（图3-32）。

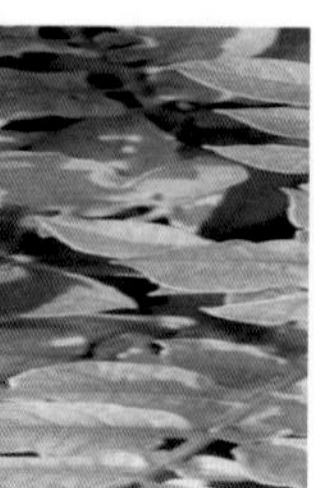

图3-32　马铃薯缺铁症状

2. 病因及发病规律

土壤中磷肥多，土壤偏碱，影响铁的吸收和运转，导致马铃薯新叶出现缺铁症状。

3. 防治妙招

（1）**施足有机肥** 施用酵素菌沤制的堆肥，或充分腐熟的优质有机肥。

（2）**采用配方施肥** 维持各营养元素间的相对平衡。

（3）**叶面施肥** 缺铁时在始花期可喷洒0.5%～1%的硫酸亚铁溶液，每隔7～10天喷1次，连续喷布1～2次。

（五）缺镁

1. 症状及快速鉴别

从马铃薯的老叶开始产生黄色斑点，后变成乳白至黄色，或橙红至紫色，在叶片中间或叶缘上产生黄化斑，老叶脱落。

缺镁时下部叶片色浅，在最下部叶片的尖端或叶缘处开始褪绿，并在叶脉间向小叶的中部扩展，后在叶脉间布满褪色的坏死区域，叶簇增厚或叶脉间部分向外突出，缺镁的叶片变脆（图3-33）。

图3-33 马铃薯缺镁症状

2. 病因及发病规律

多发生在具有较高酸度的土壤中，或施用含有某些高浓度含氮营养物质的矿质肥料，可提高镁化合物的溶解度，从而造成缺镁。

一般是由于土壤中含镁量低。有时土壤中并不缺镁，但由于施钾过多，在酸性及含钙较多的碱性土壤中影响了对镁的吸收。有时植株对镁的需要量大，当根系不能满足需要时也会造成缺镁。

生产上冬春大棚或反季节栽培时气温偏低，尤其是土温低时，不仅影响了植株对磷的正常吸收，而且还会影响到根对镁的吸收，也会导致缺镁症的发生。

此外有机肥不足或偏施氮肥，尤其是单纯施用化肥的棚室，易诱发缺镁症。

3. 防治妙招

（1）**施足有机肥** 施用酵素菌沤制的堆肥，或施足充分腐熟的优质有机肥。

（2）**改良土壤理化性质** 使土壤保持中性，必要时也可施用石灰进行调节。

（3）**采用配方施肥** 缺镁时采用配方施肥，做到氮、磷、钾和微量元素配比合理，维持各营养元素间的相对平衡。必要时通过测定土壤中镁的含量，当镁不足时及时施用含镁的完全肥料。

（4）**叶面喷肥** 应急时可在叶面喷洒1%～2%的硫酸镁水溶液，隔2天再喷1次，每周喷3～4次。

（5）**加强棚室温、湿度管理** 前期管理尤为重要，注意提高棚温，地温要保持在16℃以上。灌水最好采用滴灌或喷灌，适当控制浇水，严防大水漫灌，促进根系保持良好的生长发育条件。

（六）缺硼

1. 症状及快速鉴别

马铃薯生长点与顶芽尖端死亡，侧芽生长迅速，节间短，全株呈矮丛状。叶片增厚，边缘向上卷曲。根短粗，褐色，根尖易死亡。块茎小，表面常出现裂痕（图3-34）。

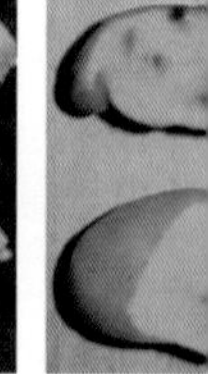

图3-34 马铃薯缺硼症状

2. 病因及发病规律

土壤酸化，硼素被淋失或石灰施用过量，均易引起缺硼症状。

3. 防治妙招

（1）**施足有机肥** 施用酵素菌沤制的堆肥，或充分腐熟的优质有机肥。

（2）**采用配方施肥** 维持各营养元素间的相对平衡。

（3）**土壤施硼** 缺硼时，在马铃薯苗期至始花期每667平方米穴施硼砂0.25～0.75千克。

（4）**叶面喷硼** 可在马铃薯始花期，叶面喷洒0.1%～0.2%的硼酸水溶液。每隔5～7天喷1次，连续喷2～3次。

（七）缺锰

1. 症状及快速鉴别

锰多在植株活动活跃的部分，特别是在叶肉内对光合作用及碳水化合物代谢都有促进作用。缺锰时叶绿素形成受阻，影响蛋白质的合成，出现褪绿黄化症状。

缺锰时叶片脉间失绿，有的品种呈淡绿色。严重缺锰时叶脉间几乎变为白色，症状首先在新生的小叶上出现，后沿叶脉出现很多棕色的小斑点，最后小斑点从叶面枯死脱落，导致叶面残缺不全（图3-35）。

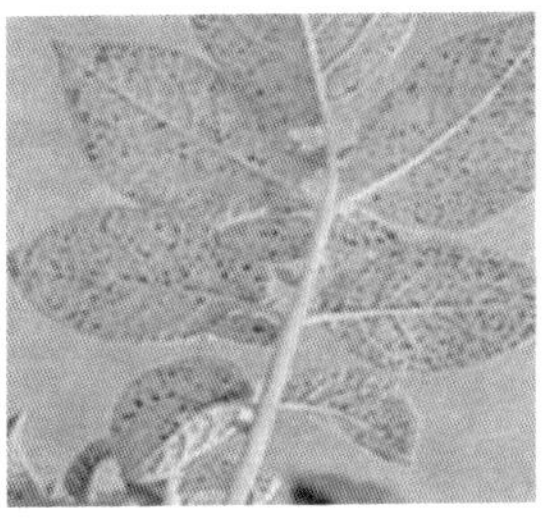

图3-35 马铃薯缺锰症状

2. 病因及发病规律

土壤黏重、通气不良的碱性土易导致缺锰。

3. 防治妙招

（1）**施足基肥** 施用酵素菌沤制的堆肥，或充分腐熟的优质有机肥。

（2）**采用配方施肥** 维持各营养元素间的相对平衡。

（3）**叶面喷肥** 缺锰时可在叶面喷洒1%的硫酸锰水溶液1～2次。

（八）缺硫

1. 症状及快速鉴别

缺硫症状表现缓慢，叶片、叶脉普遍黄化，植株生长受到抑制，与缺氮类似，但叶片不干枯。缺硫严重时叶片上出现斑点（图3-36）。

图3–36 马铃薯缺硫症状

2. 病因及发病规律

在棚室等设施栽培条件下，长期或连续施用没有硫酸根或不含硫的肥料，易发生缺硫症。

3. 防治妙招

（1）**施足基肥** 施用酵素菌沤制的堆肥，或充分腐熟的优质有机肥。

（2）**采用配方施肥** 维持各营养元素间的相对平衡。

（3）**土壤追肥** 缺硫时可施用硫酸铵、硫酸钾等含硫的肥料。

（九）缺钙

1. 症状及快速鉴别

早期缺钙，马铃薯顶端幼龄小叶叶缘出现淡绿色色带，后发生坏死，导致小叶皱缩或扭曲。严重时顶芽或腋芽死亡。块茎小或畸形，髓中也有坏死的斑点（图3-37）。

图3–37 马铃薯缺钙症状

2. 病因及发病规律

主要原因是施用氮肥、钾肥过量，阻碍对钙的吸收和利用。土壤干燥、土壤溶液浓度高也会阻碍对钙的吸收。空气湿度小，水分蒸发快，补水不及时，易缺钙。酸性土壤上易发生缺钙。马铃薯生长在几乎不含有钙化合物的轻沙质土壤上常比重质土壤上较早出现缺钙症。

3. 防治妙招

（1）**施足基肥** 施用酵素菌沤制的堆肥，或充分腐熟的优质有机肥。

（2）**采用配方施肥** 维持各营养元素间的相对平衡。

（3）**撒施石灰** 根据土壤诊断，缺钙时可使用适量的石灰。

（4）**叶面喷肥** 应急时叶面可喷洒0.3%～0.5%的氯化钙水溶液，每隔3～4天喷1次，连续防治2～3次。此外，还可叶面施用惠满丰液肥，每667平方米每次用量为450毫升，稀释400倍液，一般叶片喷3次即可。也可喷施绿风95植物生长调节剂600倍液，或促丰宝多元复合液肥700倍液，或“垦易”微生物活性有机肥300倍液，或云大-120植物生长调节剂（芸苔素内酯）3000倍液，或1.8%爱多收液剂6000倍液。

二十八、马铃薯主要生理性病害

（一）药害及肥害

1. 症状及快速鉴别

（1）**控棵药残留药害** 叶片发黑发暗，节间不伸长（图3-38）。

（2）**氨中毒** 叶片干枯，萎缩（图3-39）。

（3）**除草剂残留药害** 叶片黄化、干枯（图3-40）。

2. 病因及发病规律

（1）控棵药残留药害是由于上一个生长季使用的控棵药残留，或本季使用残次、未充分腐熟的有机肥造成的。

（2）氨中毒一般出现在封闭的棚室或拱棚里，为使用的化肥产生氨气所致。

（3）除草剂残留药害是由于上一个生长季使用的除草剂残效期长

所致，例如莠去津残效期是180～200天，使用后会造成下季种植的马铃薯出现除草剂药害。

图3-38 控棵药残留药害

图3-39 氨中毒

图3-40 除草剂残留药害

3.防治妙招

（1）增施充分腐熟的优质有机肥。

（2）可采用赤霉素或芸苔素来缓解。

（3）棚室施氮肥时注意加强通风，适度浇水。

（二）梦生薯

1.症状及快速鉴别

在马铃薯的芽眼处或幼芽上长出小薯块，有的在催芽过程中产生，有的播种到田间产生（图3-41）。

2.病因及发病规律

（1）**温差大** 所处的温度先高后低，容易产生梦生薯。

（2）**药物刺激** 拌种时使用的药剂剂量过大。

3.防治妙招

（1）保持温度稳定，不要大起大落。

（2）严格按照拌种剂及药液的剂量和浓度要求，进行块茎播前处理。

（三）畸形薯

1.症状及快速鉴别

马铃薯薯块开裂，或侧方长出很多的小块薯（图3-42）。

图3-41　梦生薯　　图3-42　畸形薯

2.病因及发病规律

温度忽高忽低，或水分供应不均匀，或喷膨大剂等药剂刺激，均可导致出现薯块开裂。上季使用苯磺隆等除草剂产生药害，会使薯块开裂。病毒为害也容易导致产生畸形薯。

3.防治妙招

（1）棚室栽培时维持室内温度稳定。科学灌水，小水勤浇，不要过于干旱，也不要大水漫灌。

（2）科学使用除草剂，不要随意加大浓度。

（3）加强田间管理，及时防治病虫害。

第二节　马铃薯主要虫害快速鉴别与防治

一、马铃薯瓢虫

也叫马铃薯二十八星瓢虫、花大姐、花媳妇，属鞘翅目、瓢虫科。马铃薯瓢虫分布广泛，在我国普遍发生和为害，是我国农业生产中的一大害虫，从黑龙江到福建、台湾、广西、云南及西藏等均有分布，主要在我国北方（三北），为害严重。主要为害马铃薯、茄子、辣椒、番茄、豆类、白菜和瓜类蔬菜及玉米、龙葵、枸杞等多种作物。为害茄科植物更为严重，其中以马铃薯和茄子受害最重，是马铃薯和茄子的重要害虫之一。

1.症状及快速鉴别

成虫、若虫取食马铃薯的叶片和嫩茎。

多以马铃薯茎叶为食，主要是成虫和幼虫舔食叶肉。取食后叶片残留上表皮，叶片呈网状，且形成许多平行、不规则、透明的牙痕凹纹，后变为褐色斑痕。也能将叶片吃成穿孔状或仅留存叶脉。食害过多会导致叶片枯萎。为害严重时全叶食尽，叶片干枯，造成全株干枯死亡（图3-43）。

图3-43　马铃薯瓢虫成虫和幼虫为害叶片症状

2.形态特征

（1）**成虫**　体长7～8毫米，半球形，赤褐色，体表密生黄褐色细毛。前胸背板前缘凹陷，前缘角突出，中央有1较大的剑状斑纹，两侧各有2个黑色小斑，有时合成1个。两鞘翅上各有14个黑斑，鞘翅基部有3个黑斑，后方的4个黑斑不在一条直线上。两鞘翅合缝处有1～2对黑斑相连（图3-44）。

（2）**卵**　长1.4毫米，纵立，鲜黄色，有纵纹（图3-44）。

（3）**幼虫**　体长约9毫米，淡黄褐色，长椭圆状，背面隆起，各节有黑色枝刺（图3-44）。

（4）**蛹**　长约6毫米，椭圆形，淡黄色，背面有稀疏细毛及黑色斑纹。尾端包着末龄幼虫的蜕皮。

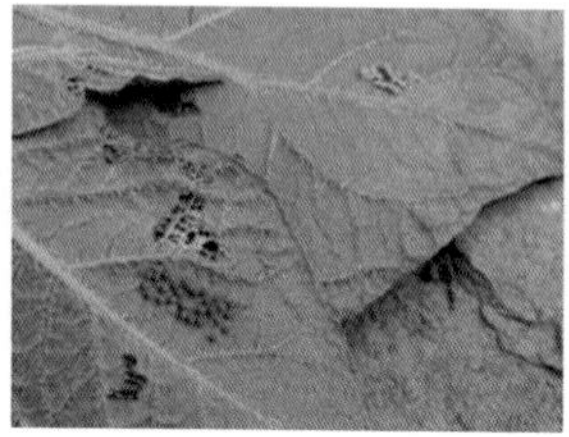

图3-44　马铃薯瓢虫成虫、卵及幼虫

3. 生活习性及发生规律

在华北一年发生2代，武汉等南方一年发生4代。以成虫群集越冬。一般在5月开始活动，为害马铃薯或苗床中的茄子、番茄、青椒苗。6月上中旬为产卵盛期，6月下旬～7月上旬为第一代幼虫为害期。7月中下旬为化蛹盛期，7月底～8月初为第一代成虫羽化盛期，8月中旬为第二代幼虫为害盛期。成虫以上午10时至下午4时最为活跃，午前多在马铃薯叶背取食，下午16时后转向叶面取食。成虫、幼虫都有残食同种卵的习性，成虫有较强的假死性，并可分泌出黄色黏液。越冬成虫多产卵在马铃薯苗基部叶背凹陷处，20～30粒在一起靠近。越冬代每雌虫可产卵约400粒，第一代每雌虫产卵约240粒。第一代卵期约6天，第二代约5天。幼虫夜间孵化，共4龄，2龄后分散为害。幼虫发育历期第一代约23天，第二代约15天。幼虫老熟后多在植株基部茎上或叶背化蛹，蛹期第一代约5天，第二代约7天。8月下旬开始化蛹，羽化的成虫自9月中旬开始寻求越冬场所，10月上旬开始越冬。

4. 防治妙招

（1）**人工捕捉成虫**　利用成虫的假死性，用薄膜或盆承接，叩打植株使之坠落，收集起来集中消灭。

（2）**人工摘除卵块**　害虫雌成虫产卵集中成群，颜色鲜艳，极易发现，易于摘除。

（3）**清园**　清除越冬场所，及时处理收获的马铃薯、茄子等残株，减少越冬虫源。

（4）**提倡采用防虫网**　可防治二十八星瓢虫，还可兼防其他害虫。

（5）**药剂防治**　调查100株马铃薯，防治指标为有30头成虫或每100株有卵100粒，就必须及时进行药剂防治。应掌握越冬成虫出现盛期，在成虫迁移分散前和产卵初期及幼虫孵化初期，选择能杀死成虫、幼虫和卵的农药开始进行药剂防治，并要进行连续防治。可用40%的辛硫磷，每667平方米每次用药75～100毫升，加水50升。或2.5%敌杀死，或5%来福灵，或2.5%功夫等菊酯，或拟菊酯类制剂，每667平方米每次用药50毫升，加水50升。也可用50%敌敌畏乳剂

1000倍液，或2.5%亚胺硫磷乳剂300～400倍液进行田间喷雾。喷药2次以上，药剂最好交替使用，防止瓢虫产生耐药性。

抓住幼虫分散前的防病最佳有利时机及时喷药防治。可用21%增效氰·马乳油（灭杀毙）3000倍液，或20%氰戊菊酯3000倍液，或2.5%溴氰菊酯3000倍液，或10%溴·马乳油1500倍液，或50%辛硫磷乳剂1000倍液，或2.5%功夫乳油3000倍液，或2.5%天诺一号乳油4000倍液，或90%晶体敌百虫1000倍液，或20%氯氰菊酯乳油6000倍液等药剂喷雾防治，重点喷施叶背面。每隔7～10天喷1次，连续防治2～3次，防治效果明显。

二、马铃薯蚜虫

也叫茄无网蚜、茄无网长管蚜，属同翅目、蚜科，主要分布在东北、内蒙古、青海、河北、山东、河南、四川等地，主要寄主为茄科蔬菜、豆类、甜菜等多种农作物。

1.症状及快速鉴别

成虫和若虫吸食马铃薯叶片汁液，取食后叶面常出现白点。蚜虫虽然发生量和直接为害不大，但可传播马铃薯病毒病（图3-45）。

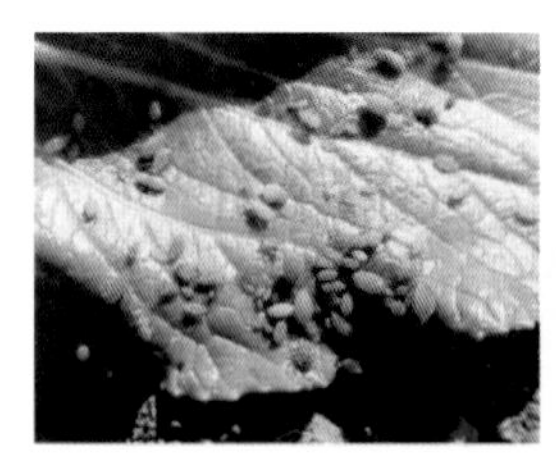
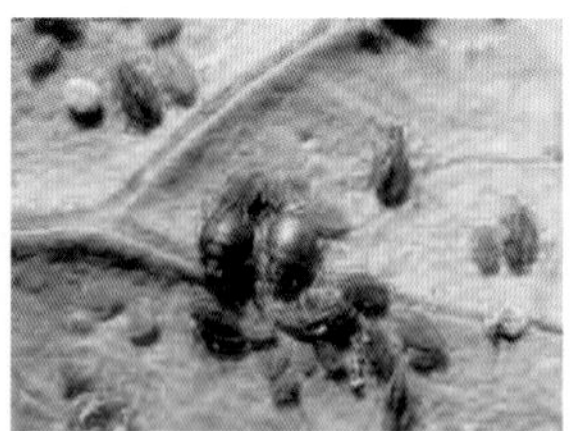

图3-45　马铃薯蚜虫为害状

2.形态特征

无翅孤雌成蚜体长卵形，长2.8毫米，宽1.1毫米。头部及前胸红橙色，胸、腹部绿色。触角第1、2及第6节黑色，第3～5节端部黑色。头部粗糙，有深色小刺突，中额瘤不明显，额瘤显著外倾，与中额成直角，额槽深“U”形。胸及腹部第1～6节有微网纹，第7、8

节有明显瓦纹，体缘网纹明显。气门三角形关闭，气门片黑色。缘部有淡褐色节间斑。腹管0.65毫米，端部及基部收缩，端部有明显的缘突。尾片长圆锥形，中部收缩，有小刺突构成瓦纹及长毛5～6根（图3-46）。

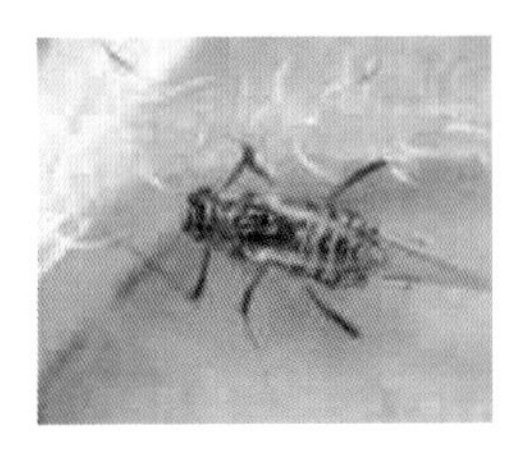

图3-46　马铃薯蚜虫

3. 生活习性及发生规律

以卵在枝条上越冬，也可在保护地内以成虫越冬。雌性蚜虫生下来就能够生育，而且蚜虫不需要雄性就可以繁育。蚜虫的繁殖力很强，1年能繁殖10～30个世代，世代重叠现象突出。当5天的平均气温稳定上升到12℃以上时便开始繁殖。在气温较低的早春和晚秋完成1个世代需10天，在夏季温暖条件下只需4～5天。气温16～22℃时最适宜蚜虫繁育，干旱或植株密度过大有利于蚜虫为害。

4. 防治妙招

（1）**喷雾防治**　防治应在早期进行，一般在为害卷叶前喷药效果好。可用10%吡虫啉可湿性粉剂1500倍液，或5%虫螨克1500倍液，或50%辛硫磷乳油2500～3000倍液，或2.5%溴氰菊酯乳油2500～3000倍液，或20%速灭杀丁乳油2500～3000倍液均匀喷雾。早春可在越冬蚜虫较多的越冬蔬菜或附近其他蔬菜上施药，防止有翅蚜迁飞扩散。如果其他蔬菜上蚜虫较多，也可喷洒50%抗蚜威可湿性粉剂2000倍液，或10%吡虫啉可湿性粉剂1500倍液，或50%辛硫磷乳剂1000倍液，或50%马拉硫磷乳剂1000倍液，或2.5%鱼藤精乳剂600～800倍液，或20%杀灭菊酯2000～3000倍液。均匀喷湿所有的蔬菜茎叶，以开始有水珠往下滴为宜。

4～5月份菜田各种肉食瓢虫、食蚜蝇和草蛉很多，可用网捕的方法，移植到蚜虫较多的菜田。也可在蚜虫越冬寄主附近种植覆盖作物，增加天敌活动场所；或栽培一定量的开花植物，为天敌提供转移寄主。

（2）**施烟雾剂** 棚室保护地栽培发生蚜虫为害，除用上列药剂喷雾外，还可用烟雾剂4号350克/667平方米熏烟防治，省工有效，防治效果良好。

三、马铃薯温室白粉虱

俗称小白蛾子，属同翅目、粉虱科，几乎遍布全国各马铃薯栽培区，寄主主要有马铃薯、黄瓜、菜豆、茄子、番茄、青椒、甘蓝、花椰菜、白菜、油菜、萝卜、莴苣、魔芋、芹菜等多种蔬菜，以及花卉和农作物等200余种。

1.症状及快速鉴别

成虫和若虫吸食马铃薯叶片汁液，被害叶片褪绿、变黄、萎蔫，甚至全株枯死。此外由于害虫繁殖力强，繁殖速度快，种群数量庞大，群聚为害，并分泌大量蜜液，严重污染叶片，常引起煤污病的大发生（图3-47）。

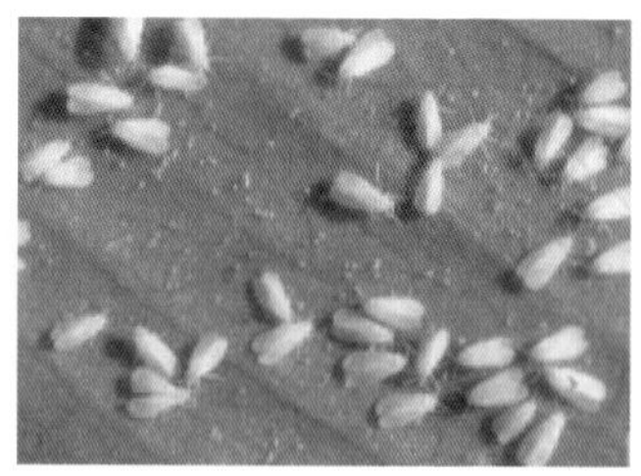

图3-47　马铃薯温室白粉虱为害状

2.形态特征

（1）**成虫** 体长1～1.5毫米，淡黄色。翅面覆盖白蜡粉，停息时双翅在体上合成屋脊状，如蛾类。翅端半圆状，遮住整个腹部，翅脉简单，沿翅外缘有一排小颗粒（图3-48）。

（2）**卵**　长约0.2毫米，侧面观察为长椭圆形，基部有卵柄，柄长0.02毫米，从叶背的气孔插入植物组织中。初产淡绿色，覆有蜡粉，后逐渐变为褐色，孵化前呈黑色（图3-48）。

（3）**若虫**　长椭圆形，1龄体长约0.29毫米，2龄约0.37毫米，3龄约0.51毫米。淡绿色或黄绿色，足和触角退化，紧贴在叶片上营固着生活。4龄若虫又称伪蛹，体长0.7～0.8毫米，椭圆形，初期体扁平，逐渐加厚，呈蛋糕状(侧面观察)，中央略高，黄褐色，体背有长短不齐的蜡丝，体侧有刺（图3-48）。

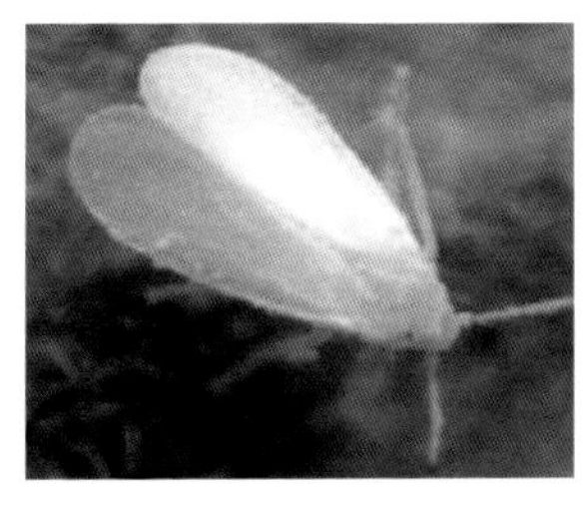
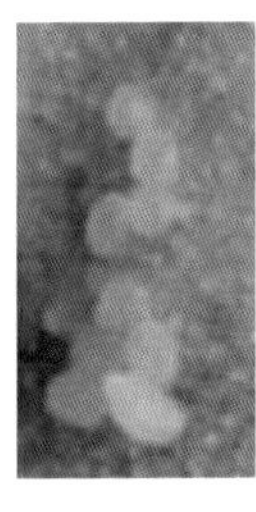
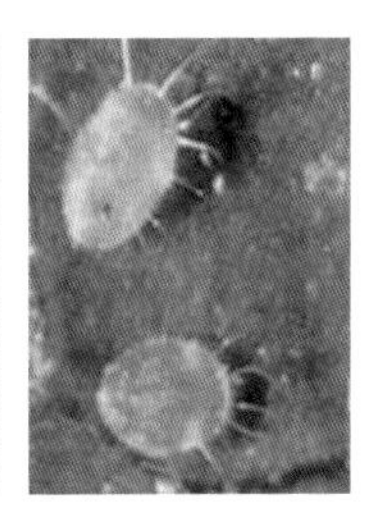

图3-48　马铃薯白粉虱成虫、卵及若虫

3.生活习性及发生规律

在北方棚室栽培一年可发生10余代，冬季在室外不能存活，以各虫态在温室中越冬，并继续为害。成虫羽化后1～3天可交配产卵，平均每雌虫产卵142.5粒。也可进行孤雌生殖，其后代为雄性。成虫有趋嫩性，在寄主植物打顶以前成虫总是随着植株的生长，不断追逐顶部嫩叶产卵。因此，白粉虱在作物上自上而下的分布为新产的绿卵、变黑的卵、初龄若虫、老龄若虫、伪蛹、新羽化的成虫。白粉虱的卵以卵柄从气孔插入叶片组织中与寄主植物保持水分平衡，极不易脱落。若虫孵化后3天内在叶背可作短距离游走，当口器插入叶组织后就失去了爬行的机能，开始营固着生活。白粉虱发育历期：18℃为31.5天，24℃为24.7天，27℃为22.8天。各虫态发育历期：在24℃时卵期7天，1龄期5天，2龄期2天，3龄期3天，伪蛹8天。白粉虱繁殖的适温为18～21℃，在温室生产条件下约1个月完成1代。冬季温室作物上的白粉虱是露地春季蔬菜上的虫源，通过温室开窗通风，使粉虱迁入露地。因此，白粉虱的蔓延，人为因素起着重要的作用。白粉虱的种群数量由春至秋持续发展，夏季的高温多雨抑制作用不明显，到秋季数量达到高峰，集中为害茄果类、瓜类和豆类蔬菜。在北方由于温室和露地蔬菜生产紧密衔接和相互交替，可使白粉虱周年发生和为害。

4. 防治妙招

对白粉虱的防治应以农业防治为主，加强蔬菜作物的栽培管理，培育“无虫苗”，辅以合理使用化学农药，积极开展生物防治和物理防治的综合防治方法。

（1）农业防治

① 提倡温室第一茬种植白粉虱不喜食的芹菜、蒜黄等较耐低温的蔬菜。

② 彻底熏杀残余的害虫，清理杂草和残株，以及在通风口密封尼龙纱，控制外来虫源。

③ 避免马铃薯、黄瓜、番茄、菜豆混栽。温室、大棚附近避免栽植黄瓜、番茄、茄子、菜豆等粉虱发生严重的蔬菜。提倡种植白粉虱不喜食的十字花科蔬菜，以减少虫源。

（2）物理防治　白粉虱对黄色敏感，有强烈的趋性，可在温室内设置黄板诱杀成虫。方法是：利用废旧的纤维板或硬纸板，裁成1米×0.2米（长×宽）的长条，用油漆涂成橙黄色，再涂上一层黏油，黏油可用10号机油加少许黄油调匀，每667平方米设置32～34块，置于行间，可与植株高度相同。当粉虱粘满板面时需及时重涂黏油，一般约需7～10天重涂1次。要防止油滴在作物上造成作物烧伤。

（3）生物防治　可人工繁殖释放丽蚜小蜂(也叫粉虱匀鞭蚜小蜂)，当粉虱成虫在0.5头/株以下时，每隔2周放1次，共放3次，释放丽蚜小蜂成蜂15头/株，寄生蜂可在温室内建立种群，并能有效地控制白粉虱的为害。黄板诱杀与释放丽蚜小蜂可协调综合运用。

（4）药剂防治　由于粉虱世代重叠，在同一时间、同一作物上可存在各种虫态，但当前没有对所有虫态防治都有效的药剂。所以采用化学药剂防治必须连续几次用药。可选用10%扑虱灵乳油(有效成分为噻嗪酮)1000倍液，对粉虱害虫有特效。或25%灭螨猛乳油1000倍液，对粉虱成虫、卵和若虫皆有效。或用20%康福多浓可溶剂4000倍液，或10%大功臣可湿性粉剂，每667平方米用有效成分2克，持效期30天。或用2.5%天王星乳油3000倍液，可杀成虫、若虫、假蛹，对卵的防治效果不明显。或用2.5%功夫乳油3000倍液，或20%灭扫利乳油2000倍液，连续交替使用药剂，均有较好的防治效果。

提示 由于白粉虱繁殖迅速，易于传播，在一个地区范围内的蔬菜种植户应注意联防联治，以提高总体的防治效果。

四、马铃薯块茎蛾

也叫马铃薯麦蛾、烟潜叶蛾，属鳞翅目，麦蛾科，是马铃薯生产中的重要害虫之一。传播快，繁殖率高，为害大，曾是马铃薯调运过程中的检疫性害虫，是国际和国内的检疫对象。主要为害马铃薯、茄子、番茄、青辣椒等茄科蔬菜及烟草、曼陀罗、天仙子、洋金花、酸浆、莨岩、颠茄及野生茄科杂草。主要分布在山西、甘肃、广东、广西、四川、云南、贵州等马铃薯和烟草产区，为害马铃薯、茄子等茄科蔬菜。幼虫开始为害叶片，然后慢慢地腐蚀整体，最终引起腐烂或干缩，严重时造成马铃薯植株大面积死亡。

1.症状及快速鉴别

以幼虫为害叶片，幼虫潜入叶内沿叶脉蛀食叶肉，仅余留上下表皮呈半透明状。为害严重时嫩茎、叶芽也会被害枯死，幼苗可全株死亡（图3-49）。

在田间和贮藏期间幼虫可钻蛀蛀食马铃薯块茎，蛀成弯曲的潜隧道，呈蜂窝状。严重时甚至会使整个薯块全部被蛀空，外表皱缩，并引起腐烂或干缩（图3-49）。

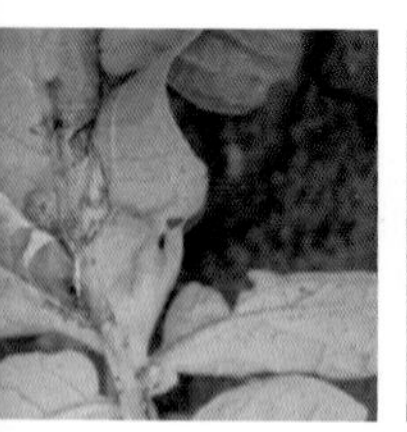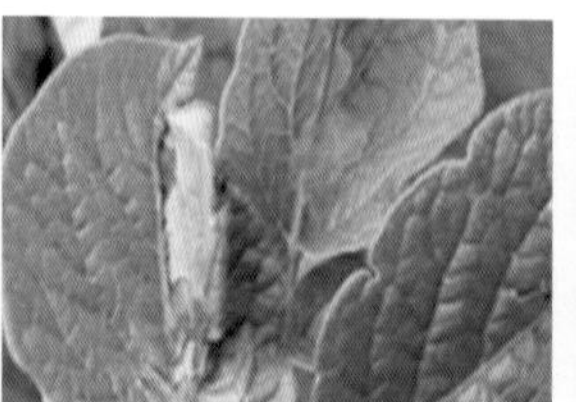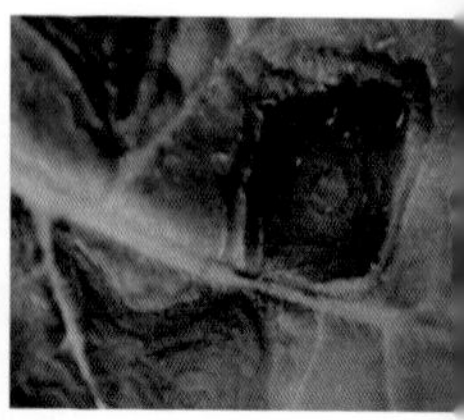

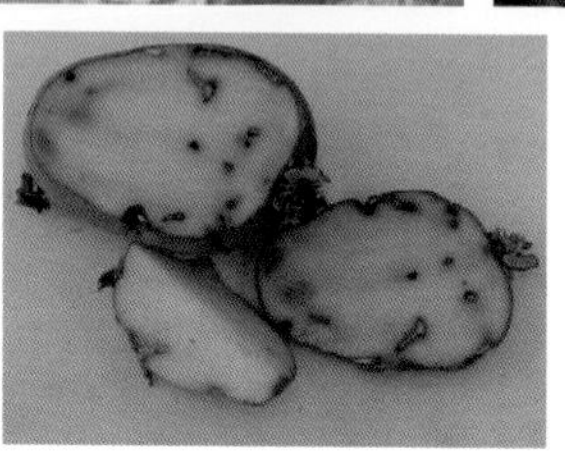

图3-49　马铃薯块茎蛾为害状

2.形态特征

（1）**成虫**　体长5～8毫米，翅展13～16毫米，灰褐色，微具银灰色光泽。复眼黑色，单眼和触角黄褐色，胸背黄褐或黑褐色，腹面黄白色。头部具黄白色光滑的鳞片，头顶具毛簇。下唇须长而弯曲，伸越头顶，第2、3节等长，第2节腹面盖有刷状鳞片。前翅狭长，呈叶尖状，黄褐色或黑褐色，中室约为翅长的3/5。雌虫臀区黑褐色，并沿后缘形成大型黑褐色斑。雄虫臀区色泽与其余部分一样，臀区有4个黑褐色斑，中央有4～5个褐斑，缘毛较长。后翅顶角下方凹入，近菜刀形，烟灰色，缘毛很长。雄虫有翅缰1根，第7腹节背面前缘两侧各有1束内弯的长毛丛。雌虫后翅缰3根，第7腹节背板前缘两侧无长毛丛（图3-50）。

（2）**卵**　长约0.5毫米，宽0.25～0.45毫米，椭圆形，有光泽，半透明。初产时乳白色，孵化前紫褐色，带紫色光泽。

（3）**幼虫**　末龄老熟幼虫体长11～15毫米，胸宽2.5～2.7毫米，体灰白色，有时带浅黄色或青绿色，体色随食料不同而异。老熟时背部呈粉红或棕黄色。头部黑褐色，每边有单眼6个，头、前胸背板及胸足暗褐色，腹部末端背板淡褐色，腹足的趾钩为双序环形，臀足的趾钩为双序弧形。前胸气孔前方有刚毛3根，第1腹节腹面左右各有刚毛4根排成一行，腹足间有刚毛2根（图3-50）。

（4）**蛹** 长5～7毫米，初期为淡绿色，末期为黑褐色。圆锥形，表面光滑，臀棘微小，附近具8根刚毛，触角长达翅端，复眼黑色较大，下唇须为下颚掩盖，尾部附近有1束刚毛。第10腹节腹面中央凹入，背面中央有1角刺，末端向上弯曲。蛹藏于丝网中，网长约8～9毫米。

（5）**茧** 灰白色，外面黏附泥土或黄色排泄物。

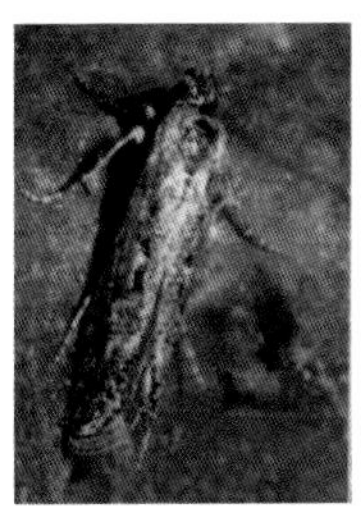
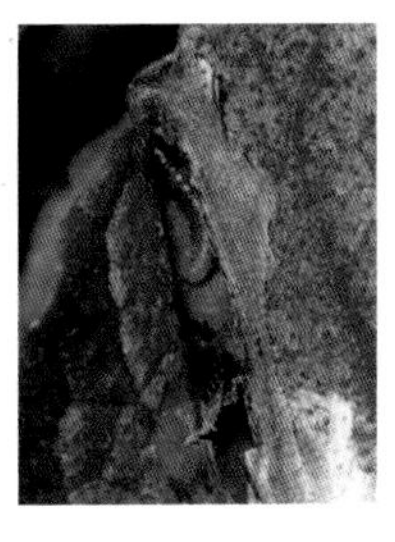
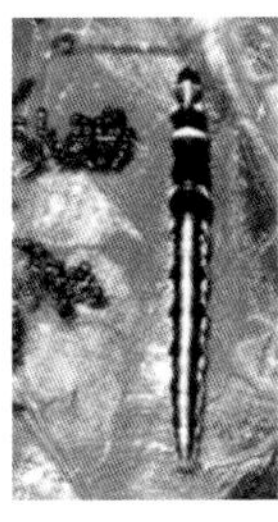

图3–50 马铃薯块茎蛾成虫和幼虫

3.生活习性及发生规律

在自然情况下可为害马铃薯、烟草等植物地上部分，除侵食叶肉外，还蛀食花及块茎。在仓库存储期间常为害马铃薯的块茎，为害较重。

在我国西南地区发生最重。因栽培地区的不同发生的代数也不相同。在西南各省一年发生6～9代，北方有的一年发生4～5代。以幼虫或蛹在枯叶或贮藏的块茎内越冬。主要以幼虫在田间残留的母薯、茄、烟草等茎茬及残株败叶上或在贮藏的马铃薯块茎上越冬。田间种植的马铃薯以5月及11月受害较严重。室内贮藏的马铃薯块茎在7～9月受害严重。

成虫夜出，有趋光性。卵产于叶脉处和茎基部，薯块上卵多产在芽眼、破皮、裂缝等处。幼虫孵化后四处爬散，吐丝下垂，随风飘落在邻近的植株叶片上潜入叶内为害，在块茎上从芽眼蛀入。卵期4～20天，幼虫期7～11天，蛹期6～20天。

常发生世代重叠，同时期内成虫、卵、幼虫和蛹各虫态均可发生，各期虫态均可正常越冬。一般干旱温暖的地区受害重。当天气寒冷时成虫躲在土缝间、杂草上或贮放马铃薯的仓库中，随着气候的转暖飞至田间活动。卵多产在马铃薯田间土块缝隙处和马铃薯块茎的坑洼处，芽眼处及破伤处产卵较多，光滑表面上产卵极少。如果在杂草上产卵，多产在杂草下部的叶片上。平均经过十几天幼虫孵化，脱离卵壳后即活动在叶片及茎上，经过20～50分钟开始蛀叶取食，潜入叶内。如果取食中途受阻则会退出，另觅其他适当的地方重新蛀食。或吐丝由叶片坠下借风力吹送，转移到邻近的植株上为害。幼虫潜伏在叶片中，潜道宽阔，有时潜入叶柄或茎部，或从芽眼钻入块茎为害。为害马铃薯成株时多集中在植株下部。平均幼虫经过20余天就由潜道爬出化蛹。老熟幼虫在田间多在干燥的表土或带有泥土的植株茎秆或叶片背面吐丝作茧化蛹，茧外附有泥沙、虫粪及碎叶。在马铃薯贮藏期间多在薯块外部凹陷处或堆放薯块的空隙处、地面、墙缝等处作茧化蛹。羽化时间很不规则，羽化后很快就可产卵。

马铃薯块茎蛾是没有低温滞育的害虫，它可以一年多代进行繁殖，随便在哪个虫期都可以遇到冬季低温，只是发育变慢而已。在一般的贮藏条件下卵还能孵化，幼虫在冬季低温的情况下也可以离开食物生活一段时期。因此它的抗低温能力较强，各虫期均可越冬，越冬地点主要在马铃薯的块茎中。

马铃薯块茎蛾的最大威胁在于它的传播能力，可以卵、幼虫、蛹随马铃薯的块茎、茄科植物及包装物作远距离传播，尤其是借种薯的大量调运传播性更大；另外马铃薯块茎蛾成虫本身的飞行、幼虫借风力吹送迁移也是传播的途径之一。

4.防治妙招

（1）**加强检疫**　严禁从疫区调种，控制虫源的蔓延和为害。选用无虫的种薯。

（2）**农业防治**　冬季翻耕灭茬，消灭越冬幼虫。在田间及时培土，不要让薯块露出表土，减少或避免成虫产卵。

（3）**仓库熏蒸**　彻底清除仓库的灰尘和杂物，用磷化铝熏蒸仓库，保证仓库内没有害虫。

（4）**药剂防治**

① 药剂处理种薯　对有虫的种薯用溴甲烷或二硫化碳或磷化铝

进行熏蒸。也可用90%的晶体敌百虫，或25%喹硫磷乳油1000倍液喷洒种薯，晾干后再进行贮存。

② 喷雾防治　为害初期可用1.8%阿维菌素乳油1000倍液进行喷雾防治。在成虫盛发期可喷10%的赛波凯乳油2000倍液，或0.12%天力一号可湿性粉剂1000～1500倍液，进行有效的防治。

五、马铃薯甲虫

也叫蔬菜花斑虫，属鞘翅目、叶甲科，是世界有名的毁灭性检疫害虫，主要为害茄科作物，大部分是茄属，其中栽培的马铃薯是最适合的寄主。此外还可为害番茄、茄子、辣椒、烟草等作物。

1.症状及快速鉴别

成、幼虫为害马铃薯的叶片和嫩尖，可将叶片吃光，尤其是马铃薯始花期至薯块形成期易受害，对产量影响最大，严重时造成绝收（图3-51）。

图3-51　马铃薯甲虫为害状

2.形态特征

（1）**成虫**　体长9～11.5毫米，宽6.1～7.6毫米，短卵圆形，体背显著隆起。淡黄色至红褐色，具多数黑色条纹和条斑，头顶的黑斑多呈三角形，复眼后方有1黑斑，但通常被前胸背板遮盖。口器淡黄色至黄色，上颚端部黑色，下颚须末端色暗。触角11节，前胸背板隆起，长1.7～2.6毫米，宽4.7～5.7毫米。基缘呈弧形，后侧角稍钝，前侧角突出。顶部中央有一“U”形斑纹或2条黑色纵纹，每侧方又有5个黑斑，有时侧方的黑斑相互连接。鞘翅卵圆形，显著隆起，每一鞘翅有5个黑色纵条纹，全部由翅基部延伸到翅端部。雌、雄两性外形差别不大，雌虫个体一般稍大，雄虫最末腹板较隆起，上面有1条纵凹线，雌虫无上述凹线（图3-52）。

（2）**卵** 长卵圆形，长1.5～1.8毫米，宽0.7～0.8毫米，淡黄色至深枯黄色（图3-52）。

（3）**幼虫** 1、2龄幼虫暗褐色，3龄开始逐渐变为鲜黄色、粉红色或橘黄色。头黑色发亮，前胸背板骨片以及胸部和腹部的气门片暗褐色或黑色，幼虫背方显著隆起。触角短，3节。气门圆形，气门位于前胸后侧及第1～8腹节上。足转节呈三角形，着生3根短刚毛，爪大，骨化强，基部的附近为矩形（图3-52）。

（4）**蛹** 为离蛹，椭圆形，体长9～12毫米，宽6～8毫米，橘黄色或淡红色（图3-52）。

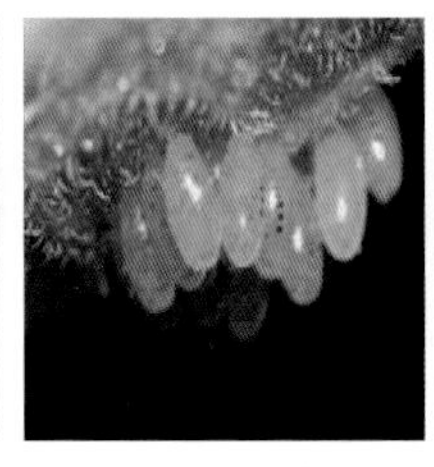

图3-52 马铃薯甲虫成虫、幼虫、卵及蛹

3.生活习性及发生规律

以成虫在土深7.6～12.7厘米处越冬。翌年春季当土温达15℃时成虫出土活动，发育适温25～33℃。在马铃薯田飞翔，经补充营养开始交尾，将卵块产在叶背，每卵块有20～60粒卵，产卵期2个月，每雌虫产卵400粒，卵期5～7天。初孵幼虫取食叶片，幼虫期约15～35天，4龄幼虫食量占77%。老熟后入土化蛹，蛹期7～10天。羽化后出土继续为害，多雨的年份发生轻。害虫的适应能力很强。

4.防治妙招

（1）**加强检疫** 严防人为传入，一旦传入要及早进行铲除。

（2）**与非寄主作物轮作** 与非本科作物实行2～3年以上的轮作。

（3）**种植早熟品种** 早熟品种对控制害虫密度具有明显的作用。

（4）**生物防治** 目前应用较多的是喷洒苏云金杆菌(Bt)制剂600倍液，在马铃薯甲虫发生严重的区域，早春集中种植有显著诱集作用的茄科寄主植物，形成相对集中的诱集带集中诱杀，便于统一防治。此外可以适期晚播，适当推迟播期至5月上中旬，避开马铃薯甲虫出土为害及产卵的高峰期。

（5）**物理与机械防治** 用真空吸虫器和丙烷火焰器等进行物理与机械防治，丙烷火焰器用来防治苗期越冬代成虫，效果可达80%以上。

（6）**药剂防治** 用氟虫腈类杀虫剂（锐劲特）和啶虫脒类杀虫剂防治效果最佳，但为了防止马铃薯甲虫产生耐药性，应将氟虫腈类杀虫剂、啶虫脒类杀虫剂、有机磷类杀虫剂、吡虫啉类杀虫剂以及其他类型的杀虫剂交替使用。

六、马铃薯叶蝉

马铃薯小绿叶蝉也叫桃叶蝉、桃小浮尘子、桃小叶蝉、桃小绿叶蝉等，属同翅目、叶蝉科。全国各省、区均有分布。黄河以南局部地区密度较大。为害马铃薯、茄子、菜豆、十字花科蔬菜、甜菜、棉花、桃、葡萄、杏、李、樱桃、梅等多种果树及大田作物。

1.症状及快速鉴别

成、若虫吸食叶片汁液，被害叶片初现黄白色斑点，逐渐扩大成片。严重时全叶苍白，可造成早期脱落（图3-53）。

2.形态特征

（1）**成虫** 体长3～4毫米，淡黄绿至绿色，头部向前突出，头冠长度短于两只复眼间的宽度。复眼灰褐色至深褐色，无单眼。头顶中央有1个白纹，两侧各有1个不明显的黑点，复眼内侧和头的后部绿色，也有白纹，前胸背板及小盾片淡鲜绿色，常有白色斑点。前翅近透明，淡黄白色，周缘具淡绿色细边。后翅膜质无色透明。各足胫节端部以下淡青绿色，色泽鲜明，爪为褐色。腹部背板深黄色或深黄绿色，末端淡青绿色。触角刚毛状，末端黑色（图3-54）。

图3-53　马铃薯叶蝉为害状

（2）**卵**　白色，长椭圆形，长约0.6毫米，宽约0.15毫米，香蕉形略弯曲。头端略大，浅黄绿色，后期出现1对红色眼点。

（3）**幼虫**　体长2.5～3.5毫米，形态与成虫相似。复眼由赤色逐渐转为灰褐色。足爪褐色。头冠及腹部各节生有白色细毛。翅芽随着蜕皮逐渐增大（图3-54）。

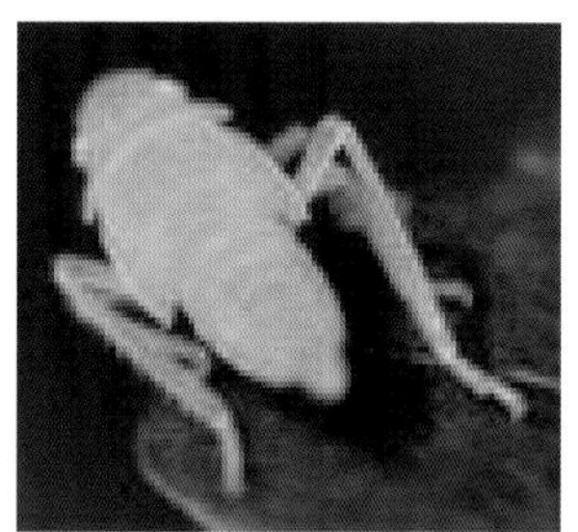

图3-54　马铃薯叶蝉成虫及幼虫

3. 生活习性及发生规律

一年可发生4～6代。以成虫在落叶、杂草或低矮的绿色植物中越冬。翌年春季桃、李、杏等发芽后出蛰，飞到树上刺吸汁液，经取食后交尾产卵，卵多产在新梢或叶片主脉中。卵期5～20天，若虫期10～20天，非越冬成虫寿命一般30天，完成1个世代40～50天。因发生期不整齐常导致世代重叠。6月虫口数量逐渐增加，8～9月最多达到高峰，且为害严重。秋后以末代成虫越冬。成、若虫喜白天活动，在马铃薯叶背刺吸汁液或栖息。成虫善跳，可借助风力扩散，旬均温15～25℃时适合其生长发育，28℃以上及连阴雨天气虫口密度显著下降。

4.防治妙招

（1）**清园** 成虫出蛰前清除落叶及杂草，减少越冬虫源。

（2）**药剂防治** 掌握在越冬代成虫迁入后，各代若虫孵化盛期及时喷洒20%的叶蝉散(灭扑威)乳油800倍液，或25%的速灭威可湿性粉剂600～800倍液，或20%害扑威乳油400倍液，或50%的马拉硫磷乳油1500～2000倍液，或20%的菊马乳油2000倍液，或2.5%敌杀死（或功夫）乳油3000～4000倍液，或50%抗蚜威超微可湿性粉剂3000～4000倍液，或10%吡虫啉可湿性粉剂2500倍液，或20%扑虱灵乳油1000倍液，或40%杀扑磷乳油1500倍液，或2.5%保得乳油2000倍液，或35%赛丹乳油2000～3000倍液等药剂。每隔7～10天喷1次，连续防治2～3次，均能收到较好的防治效果。

七、马铃薯棉铃虫

也叫玉米果穗螟蛉、番茄螟蛉，属夜蛾科害虫。

1.症状及快速鉴别

主要以幼虫蛀食马铃薯叶片及块茎，也食害嫩尖和嫩叶，形成孔洞和缺刻，为害块茎常诱发病菌侵染（图3-55）。

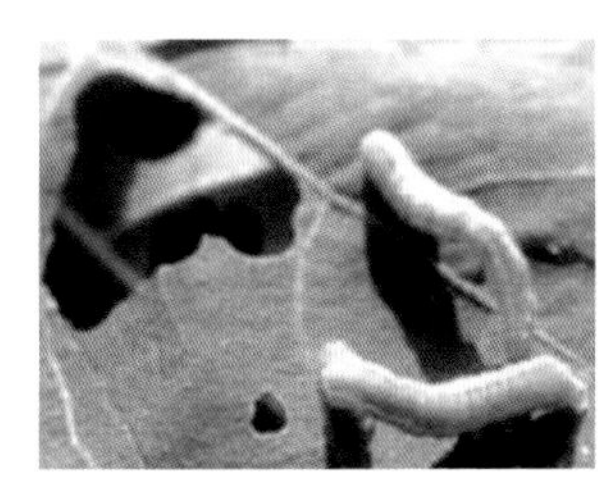
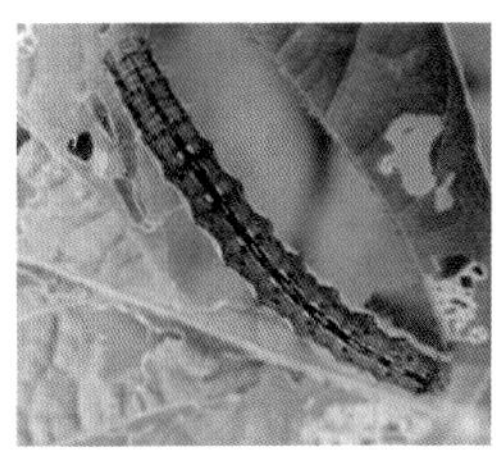

图3-55 马铃薯棉铃虫为害症状

2. 形态特征

（1）**成虫** 体长15～17毫米，翅展30～38毫米，前翅青灰色、灰褐色或赤褐色，线、纹均为黑褐色，不甚清晰，肾纹前方有黑褐纹。后翅灰白色，端区有1黑褐色宽带，外缘有2个相连的白斑（图3-56）。

（2）**幼虫** 体色变化较多，有绿、黄、淡红等颜色，体表有褐色和灰色的尖刺。腹面有黑色或黑褐色的小刺（图3-56）。

（3）**蛹** 先为绿色，后变为褐色（图3-56）。

（4）**卵** 呈半球形，顶部稍隆起，纵棱间或有分支。

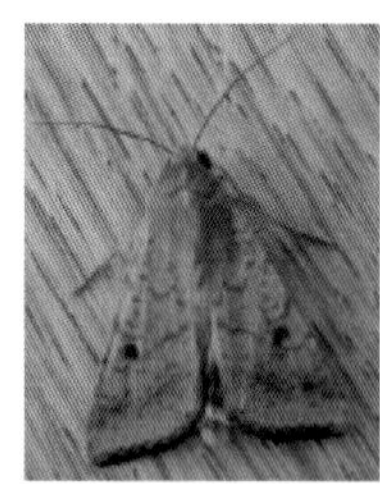

图3-56 马铃薯棉铃虫成虫、幼虫及蛹

3. 生活习性及发生规律

在南方地区每年发生6代。以蛹在马铃薯等寄主根际附近的土壤中越冬。翌年春季陆续羽化并产卵。第一代多在番茄、豌豆等作物上为害。第二代以后在田间有世代重叠。成虫白天栖息在叶背或荫蔽处，黄昏开始活动，吸取植物的花蜜补充营养。飞翔力强，有趋光性，产卵时有强烈的趋嫩性。卵散产在寄主嫩叶、果柄等处，每雌虫一般可产卵900多粒，最多可达5000余粒。初孵幼虫当天栖息在叶背不食不动，第二天转移到生长点，但为害还不明显，第三天变为2龄开始蛀食，可转株为害。4龄以后进入暴食阶段，为害最重。老熟幼虫入土5～15厘米深处作土室化蛹。

成虫白天隐藏在叶背等处，黄昏开始活动取食花蜜，有趋光性，幼虫5～6龄。老熟幼虫吐丝下垂，多数入土作土室化蛹，以蛹越冬。已知有赤眼蜂、姬蜂、寄蝇等寄生性天敌和草蛉、黄蜂、猎蝽等捕食性天敌。

幼虫有转株为害的习性，转移时间多在夜间和清晨，此时施药易接触到虫体，防治效果最佳。另外土壤浸水能造成虫蛹的大量死亡。

4.防治妙招

（1）**诱杀** 可进行树枝诱杀或建立玉米诱集带等进行诱杀。

（2）**化学药剂防治** 以挑治为主，严禁盲目全面施药，避免杀伤大量天敌。关键是抓住最佳防治时期，在产卵盛期或卵孵化盛期至幼虫3龄前施药效果最好。2代卵多在顶部嫩叶上，宜采用摘心挑治或仅喷马铃薯植株顶部，3代及4代卵较分散，可喷植株四周。应以生物性农药或对天敌杀伤小的农药为主，可局部喷洒西维因、卡死克、赛丹、Bt制剂等毒性小的药剂，进行有效的防治。

八、马铃薯银纹夜蛾

也叫马铃薯黑点银纹夜蛾、豆银纹夜蛾、菜步曲、豆尺蠖、大豆造桥虫、豆青虫等，属鳞翅目、夜蛾科，在全国各地均有分布和为害。

1.症状及快速鉴别

幼虫食叶，将马铃薯叶片吃成孔洞或缺刻，并排泄粪便污染菜株（图3-57）。

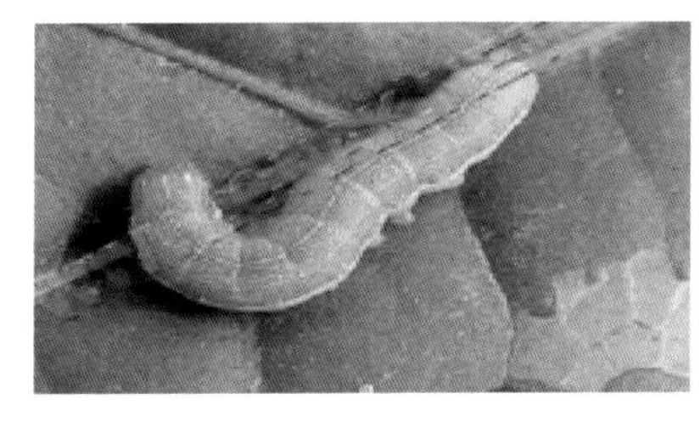
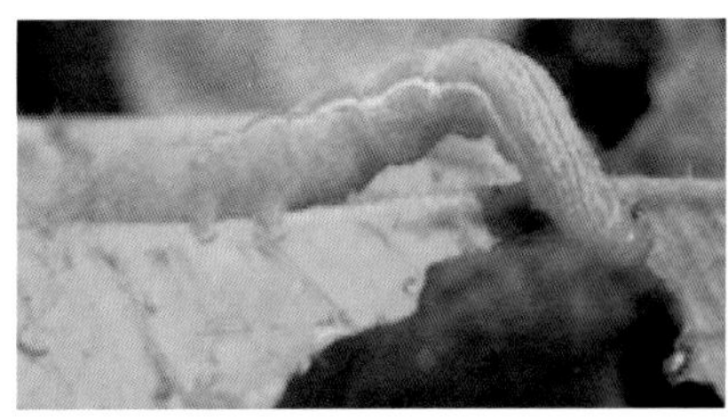

图3-57 马铃薯银纹夜蛾

2.形态特征

（1）**成虫** 体长12～17毫米，翅展32～34毫米，体灰褐色。前翅深褐色，具2条银色横纹，翅中央有一显著的U形银纹和一个近三角形银斑。后翅暗褐色，外缘黑褐色，有金属光泽（图3-58）。

（2）**卵** 半球形，长约0.5毫米，白色至淡黄绿色，表面具纵横网纹。

（3）**幼虫**　末龄幼虫体长约30毫米，淡绿色，虫体前端较细，后端较粗。头部绿色，两侧有黑斑。胸足及腹足皆为绿色，第1、2对腹足退化。行走时体背拱曲。体背有纵行的白色细线6条位于背中线两侧，体侧具白色纵纹（图3-58）。

（4）**蛹**　长约18毫米，初期背面褐色，腹面绿色。臀棘具分叉的钩刺，周围有4个小钩，末期整体黑褐色。茧较薄，由外面可见到蛹。

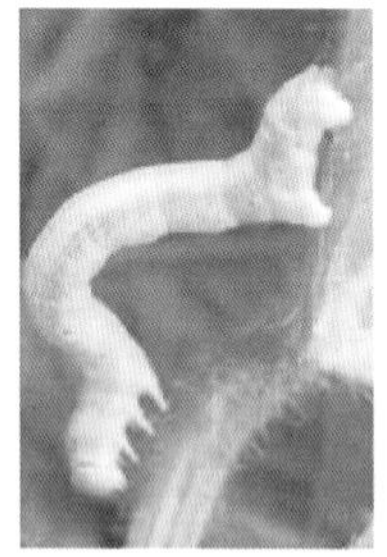
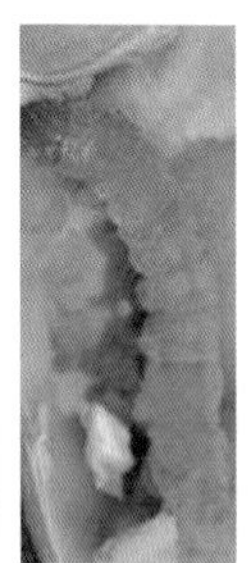

图3-58　马铃薯银纹夜蛾成虫及幼虫

3. 生活习性及发生规律

在杭州一年发生4代，湖南6代，广州7代。以蛹在马铃薯残茬、老叶上越冬。成虫夜间活动，有趋光性，卵产于叶背，单产。初孵幼虫在叶背取食叶肉，残留上表皮，大龄幼虫取食全叶，有假死习性，稍有惊动即从植株上坠地蜷缩不动。初龄幼虫吐丝悬坠，在食料缺乏的情况下有较强的迁移能力。取食时间多在傍晚及夜间，阴雨天白天也常取食。幼虫老熟后多在叶背吐丝结茧化蛹。

4. 防治妙招

（1）**清园**　冬季结合清园，集中处理残茬、老叶上的越冬蛹，减少翌年的虫口基数。

（2）**物理防治**　可用黑光灯诱杀成虫。

（3）**药剂防治**　在喷洒药剂防治其他害虫的同时可兼治马铃薯银纹夜蛾。提倡使用每克含100亿个以上孢子的青虫菌粉剂1500倍液。此外可用10%吡虫啉可湿性粉剂2500倍液，或5%的抑太保乳油2000

倍液，在害虫低龄期喷洒，每隔20天喷1次，连续防治1～2次。

九、马铃薯斜纹夜蛾

也叫莲纹夜蛾、夜盗虫、乌头虫，属鳞翅目、夜蛾科、斜纹夜蛾属，是一种杂食性和暴食性害虫，间歇性猖獗为害。世界性分布广泛，国内各地都有发生和为害，主要发生在长江、黄河流域。幼虫取食甘薯、棉花、芋、莲、田菁、大豆、烟草、甜菜和十字花科及茄科蔬菜等近100科、300余种植物的叶片。

1.症状及快速鉴别

初龄幼虫啃食马铃薯叶片下表皮及叶肉，仅留上表皮，呈透明状。4龄以后进入暴食，咬食叶片，仅留主脉（图3-59）。

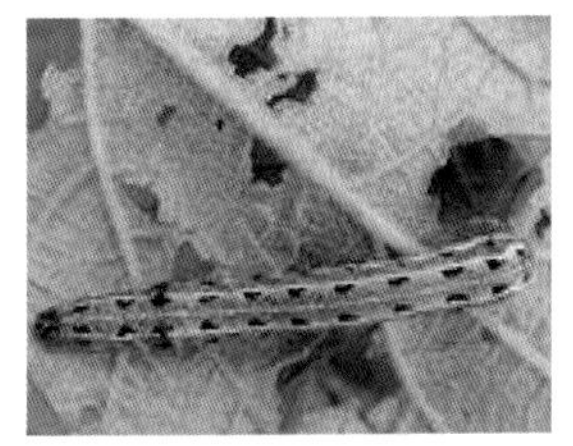
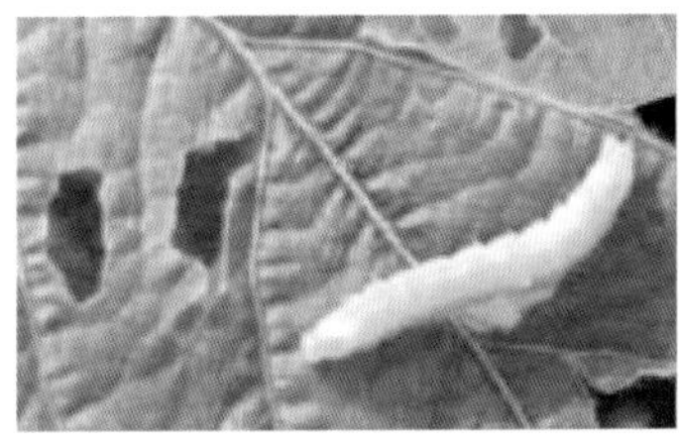

图3-59　马铃薯斜纹夜蛾为害状

2.形态特征

（1）**成虫**　体长14～21毫米，翅展37～42毫米，褐色，内横线和外横线灰白色，呈波浪形。前翅具许多斑纹，有白色条纹，环状纹不明显，肾状纹前部呈白色，后部呈黑色，环状纹和肾状纹之间有3条白线组成明显的较宽的斜纹，自翅基部向外缘还有1条白纹。中部有1条灰白色宽阔的斜纹，因此得名为斜纹夜蛾。后翅白色，外缘暗褐色（图3-60）。

（2）**卵**　呈扁平的半球形，直径约0.5毫米。初产时黄白色，孵化前呈紫黑色，表面有纵横脊纹。数十至上百粒集成卵块，外覆黄白色鳞毛（图3-60）。

（3）**幼虫**　老熟幼虫体长38～51毫米，夏秋虫口密度大时体瘦，黑褐或暗褐色。冬春数量少时体肥，淡黄绿或淡灰绿色（图3-60）。

（4）**蛹** 长18～20毫米，长卵形，红褐至黑褐色。腹末具发达的臀棘1对（图3-60）。

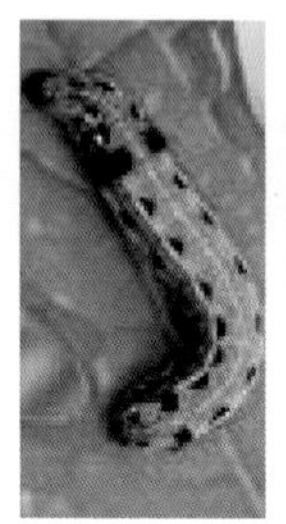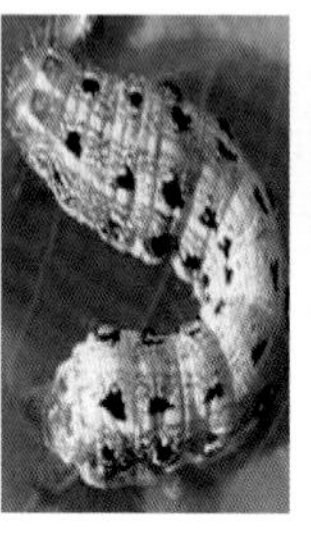

图3-60 马铃薯斜纹夜蛾成虫、卵、幼虫及蛹

3.生活习性及发生规律

我国从北至南一年发生4（华北）～9（广东）代。以老熟幼虫或蛹在土中蛹室内越冬，少数以老熟幼虫在土缝、枯叶、杂草中越冬。南方冬季无休眠现象。发育最适温度为28～30℃，不耐低温，长江以北地区冬季害虫易被冻死，大都不能安全越冬。成虫有长距离迁飞的能力，成虫具趋光和趋化性。卵多产在叶片背面。幼虫共6龄，有假死性。4龄后进入暴食期，猖獗时可吃光大面积寄主植物的叶片，并可迁徙为害。

长江流域多在7～9月虫害大发生，黄河流域多在8～9月大发生，也是全年中温度最高的季节。成虫夜出活动，飞翔能力较强，具趋光性和趋化性，对糖、醋、酒等发酵物尤为敏感。卵多产于马铃薯叶背的叶脉分叉处，以茂密、浓绿的作物产卵较多，成堆产卵，卵块常覆有鳞毛易被发现。初孵幼虫具有群集为害的习性，3龄以后开始分散，老龄幼虫有昼伏性和假死性，白天多潜伏在土缝处，傍晚爬出取食。遇到惊扰会落地蜷缩作假死状。当食料不足或不当时幼虫可成群迁移至附近的田块为害，故又俗称为“行军虫”。斜纹夜蛾各虫态发育适温为28～30℃，但在33～40℃的高温下也能正常生活。一般高温年份和季节有利于生长发育和繁殖。抗寒力很弱，低温易导致虫蛹大量死亡，在冬季约0℃的长时间低温下基本上不能生存。间作、复种指数高或过度密植的田块有利于害虫发生。

天敌有小茧蜂、广大腿蜂、寄生蝇、步行虫及多角体病毒、鸟类等。

4.防治妙招

（1）**农业防治** 清除杂草，保证在马铃薯生长期内田间无杂草。收获后翻耕晒土或灌水，破坏或恶化害虫化蛹场所，有助于减少虫源。结合栽培管理，随手摘除卵块和群集为害的初孵幼虫，减少虫源。

（2）**生物防治** 利用雌蛾在性成熟后释放出性信息素的化合物，专一性地吸引同种异性与之交配，可通过人工合成并在田间缓释化学信息素引诱雄蛾，并用特定物理结构的诱捕器捕杀害虫，从而降低雌、雄交配，降低后代种群数量，达到防治的目的。不仅降低农药残留，延缓害虫对农药产生抗性，同时也保护了自然环境中的天敌种群。

也可采用细菌杀虫剂进行生物防治。如国产的Bt乳剂或青虫菌六号液剂，通常采用500～800倍液。也可用灭幼脲一号或灭幼脲三号25%的胶悬剂500～1000倍液，此类药剂作用缓慢，应提早喷洒，采用胶悬剂的剂型喷洒后耐雨水冲刷，药效可维持15天以上。

保护和利用天敌。斜纹夜蛾的天敌种类较多，如瓢虫、蜘蛛、寄生蜂、病原菌及捕食性昆虫等。

（3）**物理防治** 病害不很严重时，可人工捕杀卵块和未扩散的初孵幼虫。

① 黑光灯诱蛾 利用成虫趋光性，在盛发期利用黑光灯对成虫进行诱杀。

② 糖醋诱杀 利用成虫的趋化性，配制糖醋液(糖∶醋∶酒∶水为3∶4∶1∶2)，加少量敌百虫胃毒剂诱杀成虫。

③ 柳枝诱杀 用带嫩叶的新鲜柳枝蘸500倍的敌百虫药液，诱杀成虫。

（4）**药剂防治** 尽量选择在低龄幼虫期防治，此时虫口密度小，为害小，且害虫的抗药性相对较弱。常用45%丙溴辛硫磷1000倍液，或20%氰戊菊酯1500倍液＋5.7%甲维盐2000倍混合液，或40%啶虫·毒（必治）1500～2000倍液，或21%灭杀毙乳油6000～8000倍液，或50%氰戊菊酯乳油4000～6000倍液，或20%氰马（或菊马）乳油2000～3000倍液，或4.5%高效顺反氯氰菊酯乳油3000倍液，或2.5%功夫（或2.5%天王星）乳油4000～5000倍液，或20%灭扫利乳油3000倍液，或80%敌敌畏（或25%马拉硫磷）乳油1000倍液，或5%卡死克（或5%农梦特）乳油2000～3000倍液等药剂喷匀喷足。每隔7～10天喷1次，连续防治2～3次，交替、轮换用药，以延缓害虫抗药性的产生。

在幼虫进入3龄暴食期前，可用斜纹夜蛾核型多角体病毒200亿个/克水分散粒剂12000～15000倍液进行喷施。或45%辛硫磷乳油800倍液灌浇马铃薯根部。

提示　害虫4龄后常夜出活动，施药时应在傍晚前后进行，效果较好。

十、马铃薯蛴螬

也叫白土蚕、地蚕、核桃虫、鸡母虫、鸡婆虫、土蚕、老母虫、白时虫、蛴头、大牙、桃各虫等，属鞘翅目、金龟总科，亚种数量有40余种，成虫通称为金龟子，蛴螬是金龟子的幼虫，是一种世界性的地下害虫，可为害多种植物和蔬菜，是马铃薯的主要害虫之一。按其食性可分为植食性、粪食性、腐食性三大类。主要有大黑鳃金龟子、暗黑鳃金龟子、黄褐金龟子、铜绿金龟子等。其中植食性蛴螬食性广泛，为害多种农作物、经济作物和花卉苗木。喜食刚播种的块茎以及幼苗，为害很大，如果不及时进行防治，会影响马铃薯的正常生长。严重时会造成马铃薯的绝收。

1.症状及快速鉴别

马铃薯块茎被钻成孔眼，喜食刚播种的块茎以及幼苗，为害马铃薯的生长。主要为害地下嫩茎、地下茎和块茎，进行咬食和钻蛀，断口整齐，使地上茎营养水分供应不上，导致死亡。块茎被钻蛀后钻成孔眼，伤口留下凹穴，可造成薯块品质丧失或引起腐烂。成虫（金龟子）还会飞到植株上咬食叶片（图3-61）。

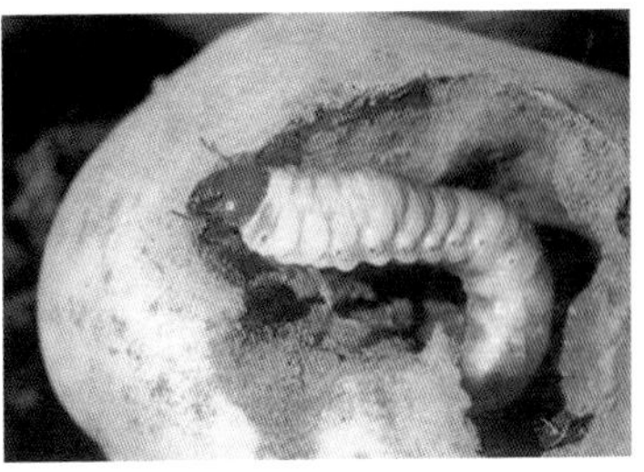

图3-61　马铃薯蛴螬为害状

2.形态特征

（1）**幼虫**　有3对胸足，多皱纹，体形弯曲，常卷缩呈“C”字形，体肥胖，多为白色，少数为黄白色或乳白色。体壁较柔软多皱，体表疏生细毛。上颚显著，腹部肿胀。头大而圆，头部浅黄褐色，生有左右对称的刚毛，刚毛数量的多少常为分种的特征，如华北大黑鳃金龟的幼虫为3对，黄褐丽金龟幼虫为5对。蛴螬具胸足3对，一般后足较长。腹部10节，第10节称为臀节，臀节上生有刺毛，其数目的多少和排列的方式也是分种的重要特征。幼虫有假死性（图3-62）。

（2）**成虫**　体长16～21毫米，长椭圆形，黑褐色或黑色，具光泽（图3-62）。

（3）**卵**　椭圆形，长约3.5毫米，乳白色，表面光滑，略具光泽。

（4）**蛹**　约20毫米，初为黄白色，后变为橙黄色，头部细小，向下稍弯曲（图3-62）。

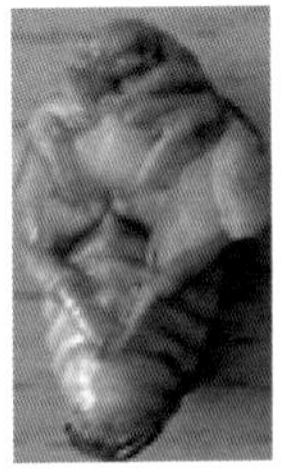

图3-62　马铃薯蛴螬幼虫、成虫及蛹

3.生活习性及发生规律

一般1年发生1代，或2～3年发生1代，长的5～6年发生1代。

如大黑鳃金龟2年发生1代，暗黑鳃金龟、铜绿丽金龟1年发生1代，小云斑鳃金龟在青海4发生年1代，大栗鳃金龟在四川需5～6年发生1代。蛴螬共3龄，1、2龄期较短，3龄期最长。

幼虫和成虫都能在土中越冬，在土中上下垂直活动。成虫在地下40厘米以下，幼虫在90厘米以下越冬，春季再上升到约10厘米深的耕作层。蛴螬喜欢有机质，喜欢在骡马粪中生活。成虫夜间活动，白天藏在土中，晚上8～9时进行取食等活动。有假死，对未腐熟的粪肥有趋性。

蛴螬始终在地下活动，与土壤温、湿度关系密切。当10厘米土温达到5℃时开始上升至土表，13～18℃时活动最为旺盛，23℃以上往深土层中移动，至秋季土温下降到适宜其活动范围时，再移向土壤上层。

成虫交配后10～15天产卵，多产在松软湿润的土壤内，以水浇地最多，每头雌虫可产卵约100粒。

4.防治妙招

（1）农业防治 合理安排茬口，前茬为大豆、花生、薯类、玉米或与之套作的菜田，蛴螬发生较重。适当调整茬口可明显减轻为害，最好实行水、旱轮作。适时灌水，合理施肥，施用的农家肥应充分腐熟，防止招引成虫产卵，将幼虫和卵带入菜田，并能促进作物健壮生长，增强耐害力，同时蛴螬喜食腐熟的农家肥，可减轻对蔬菜的为害。施用碳酸氢铵、腐殖酸铵、氨水、氨化磷酸钙等化肥，所散发的氨气对蛴螬等地下害虫具有驱避作用。精耕细作，及时镇压土壤，清除田间杂草。虫害发生严重的地区适时秋耕，秋冬翻地，可将部分成虫及越冬幼虫翻到地表使其风干、冻死或被天敌捕食，或进行机械杀伤，防效明显。

（2）人工捕杀 施农家肥前结合整地，应挖出土中的蛴螬。幼苗期发现幼苗被害，可挖出土中的幼虫。利用成虫的假死性，在其停落的作物上捕捉或振落捕杀。

（3）药剂防治

① 药剂处理土壤　每667平方米每次可用50%辛硫磷乳油200～250克加水10倍，喷在25～30千克的细土上，拌均匀制成毒土，

顺垄条施，随即浅锄；或将毒土撒在种沟或地面，随即耕翻；或混入厩肥中随肥一起施用。或每667平方米用2%甲基异柳磷粉2～3千克拌细土25～30千克制成毒土。或每667平方米用80%的敌百虫可湿性粉剂100～150克兑少量水稀释后，加拌细土15～20千克制成毒药土，均匀撒在播种沟（穴）内，覆一层细土后再播种，可防治害虫。或每667平方米每次用3%的甲基异柳磷颗粒剂（或3%呋喃丹颗粒剂，或5%辛硫磷颗粒剂，或5%地亚农颗粒剂）2.5～3千克撒施处理土壤。

② 药剂拌种　可用50%的辛硫磷乳油（或50%的对硫磷，或20%的异柳磷药剂）与水和薯块按1∶50∶（500～600）的比例拌种，将药液均匀喷洒在放在塑料薄膜上的薯块上，拌后闷种3～4小时，期间翻动1～2次，种薯晾干后即可播种，持效期为20余天，可杀死幼虫，还可兼治其他地下害虫。

③ 毒饵诱杀　每667平方米可用25%对硫磷（或辛硫磷）胶囊剂150～200克拌谷子等饵料5千克，或用50%的对硫磷（或50%的辛硫磷）乳油50～100克拌饵料3～4千克，撒在种沟中，也可收到良好防治效果。

④ 灌根　在蛴螬发生较严重的地块可用80%的敌百虫可溶性粉剂800倍液，或25%的西维因可湿性粉剂800倍液灌根，每株每次灌药液150～250克，可杀死根际附近的幼虫。

⑤ 喷杀　可用80%敌百虫可湿性粉剂1000倍液，或80%敌敌畏乳油1000倍液，或2.5%敌杀死乳油3000倍液，或10%氯氰菊酯乳油3000倍液等药剂进行喷雾防治。每隔10天喷1次，连续防治2～3次。

（4）**物理防治**　有条件的地区可设置黑光灯诱杀成虫，减少蛴螬的发生数量。

（5）**生物防治**　利用茶色食虫虻、金龟子黑土蜂、白僵菌等天敌进行捕杀，或采用生物药剂进行防治。

十一、马铃薯蝼蛄

也叫土狗子、拉拉蛄、地拉蛄、为直翅目、蝼蛄科害虫，是在地下生活为害的害虫。种类有东方蝼蛄、华北蝼蛄等，分布在全国各地。除为害马铃薯外，还可为害松、柏、榆、槐、茶、柑橘、桑、海棠、樱花、梨、竹、草坪等。

1. 症状及快速鉴别

成虫（翅已长全）、若虫（翅未长全）均在土中活动，都可对马铃薯形成危害，取食播下的种薯、幼芽或将幼苗的茎基部咬断致死，受害的根部呈乱麻状。由于蝼蛄的成虫和若虫在土中活动时能将表土层窜成许多纵横交错的隧道，使苗根脱离土壤，导致幼苗因失水造成枯萎死亡。严重时可造成缺苗断垄。在棚室栽培中由于气温高，蝼蛄活动早，加之幼苗集中，受害更为严重。

图3-63　马铃薯蝼蛄为害状

蝼蛄用口器和前边的大爪子（前足）将马铃薯的地下茎或根撕成乱麻状，使地上部萎蔫或死亡，有时也咬食芽块，使萌动后的芽不能正常生长，造成缺苗。在土中窜掘隧道，使幼根与土壤分离，透风造成失水，影响幼苗的正常生长，甚至造成死亡。在秋季为害块茎使其形成孔洞，或使薯块易感染腐烂菌，造成腐烂（图3-63）。

2. 形态特征

（1）**成虫**　雌成虫体长45～66毫米，雄虫39～45毫米。体黄褐色，头暗褐色，卵形或梭形，复眼椭圆形，单眼3个，触角鞭状。前胸背板盾形，前缘内弯，背中间具1心形暗红色斑。前翅黄褐色，平叠在背上，长15毫米，覆盖腹部不足一半。后翅长30～35毫米，纵卷成筒状。前足发达，为开掘足，中、后足小。华北蝼蛄后足胫节背侧内缘有刺1～2个；东方蝼蛄后足胫节背侧内缘有刺3～4个，腹部尾须2根（图3-64）。

（2）**卵**　长1.6～1.8毫米，椭圆形，黄白色至黄褐色。

（3）**若虫**　共12龄，5龄后若虫体色、体形与成虫相似，黑褐色，只有翅芽（图3-64）。

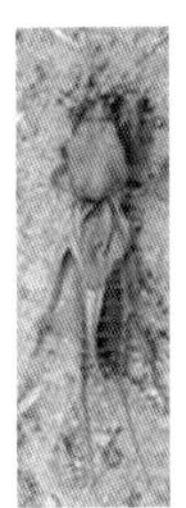

图3-64　马铃薯蝼蛄

3.生活习性及发生规律

1～2年发生1代。以老熟幼虫或成虫在土壤中越冬。翌年4月越冬成虫开始为害，到5月交尾并产卵，喜欢在潮湿的土中产卵，卵期约20天。成虫飞翔力很强。若虫为害到9月蜕皮变为成虫，10月下旬入土越冬，发育晚的以老熟若虫越冬。

蝼蛄挖土掘洞的生活习性，造成了对农业的极大危害。蝼蛄的前足扁平，好像水泥工人使用的抹子一样，前端生有锐利的尖爪，能用尖爪在地下挖土掘隧道。到了冬季钻到地下深处进行越冬。在我国北方特别是东北、西北地区，蝼蛄越冬的时间比较早。在南方江浙一带，蝼蛄的越冬时间大约在11月前后。到翌年春季蝼蛄从地下爬出来，顺地面斜着向地下掘洞，能掘到30厘米至100多厘米的深处。白天藏在洞里，夜里出来为害。

蝼蛄的成虫和若虫都是在地下随着土温的变化而进行上、下活动。越冬时下潜至1.2～1.6米筑洞休眠。春季地温上升又上到10厘米深的耕作层为害。白天在地下，夜间到地面活动为害。夏季气温高时下到约20厘米深的地方活动，秋季又上到耕作层为害。

蝼蛄有昼伏夜出的习性，午夜前后为活动、取食的高峰期。成虫有强烈的趋光性，在气温高、相对湿度大、风速小、无月光、闷热及将要下雨的傍晚趋光性更为明显。蝼蛄喜爱香甜食物，尤其对炒香的麦麸、豆饼或煮半熟的豆类等趋性更强，对未腐熟的马粪等有机质含量高的粪土也有一定的趋性。春季早期及苗期受害严重，多与施肥较多、温度较高有关。

蝼蛄常喜在潮湿的土壤中生活，“蝼蛄跑湿不跑干”，东方蝼蛄最为明显。湖泊沿岸、沟渠两旁、菜园地、水浇田，特别是沙质壤土多腐殖质的地方蝼蛄数量较多。土温影响蝼蛄在土中的垂直分布。蝼蛄在春、秋季节活动频繁，在蔬菜、禾谷类作物、大豆等田块，蝼蛄发生量较大。一般有机质较多、盐碱较轻的菜地里蝼蛄为害猖獗。

4.防治妙招

（1）**合理施肥**　合理施用充分腐熟的优质有机肥，减少害虫的发生。

（2）**挖坑堆粪诱杀**　在苗床周围挖坑堆入骡、马粪，诱集后进行捕杀。

（3）**用黑光灯或毒饵诱杀**　可用90%晶体敌百虫0.5千克用15升水稀释，拌入50千克炒香的豆饼（或麦麸）中制成毒饵，按每667平方米2～2.5千克毒饵撒在苗床上。

（4）**煤油水浇灌蝼蛄隧道**　在蝼蛄隧道口滴入数滴煤油，或在煤油内加入少许50%辛硫磷乳油500倍液滴入隧道口，然后向隧道内灌水，蝼蛄会死于隧道内，或爬出后死亡。

（5）**药剂防治**　由于蝼蛄活动量较大，药剂防治时尽量选用乳油制剂，可用40%辛硫磷乳油1000倍液进行浇灌防治。马铃薯生长期块茎或根部被害，也可用50%辛硫磷（或50%对硫，或20%甲基异柳磷）乳油2000倍液浇灌。此外也可选用6%密达颗粒剂，每667平方米每次用50克拌细土撒施，防治效果显著。

十二、马铃薯金针虫

也叫铁丝虫，成虫称为叩头虫，属鞘翅目、叩头虫科，主要种类有沟金针虫、细胸金针虫、褐纹金针虫、宽背金针虫、兴安金针虫、暗褐金针虫等类型。我国的金针虫常见为细胸金针虫、沟金针虫和宽背金针虫3种，在我国各地均有分布和为害。幼虫统称金针虫，其中以沟金针虫分布范围最广。主要为害马铃薯、小麦、大麦、玉米、高粱、粟、花生、甘薯、豆类、棉、麻类、甜菜和蔬菜等多种作物，也可为害林木幼苗，在南方还为害甘蔗幼苗的嫩芽和根部。在土中为害新播的种子、根部、茎基，常咬断幼苗，取食有机质，并能钻到根和茎内取食。

1.症状及快速鉴别

幼虫春季钻蛀芽、根和地下块茎。

为害时可咬断刚出土的幼苗；也可进入已长大的幼苗的根里取食为害，被害处不完全咬断，断口不整齐；稍粗的根和茎虽然很少被咬断，但会使被害幼苗逐渐萎蔫或干枯死亡。除咬食根和幼苗，秋季幼虫还能钻蛀块茎中取食，在薯肉内蛀成1个孔洞，降低了块茎的品质。咬食过程中有的还可传染病害，或造成块茎腐烂（图3-65）。

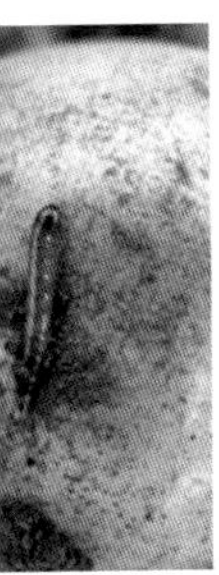
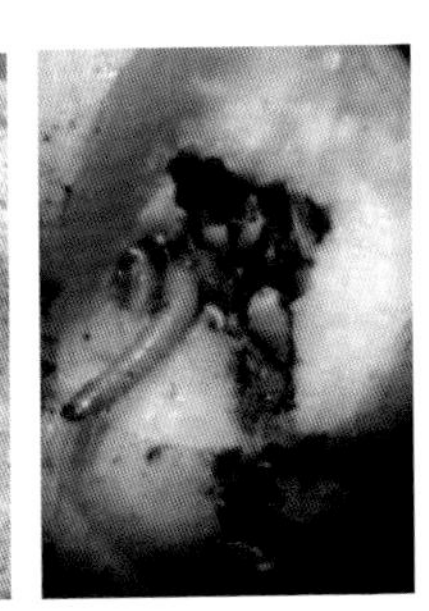
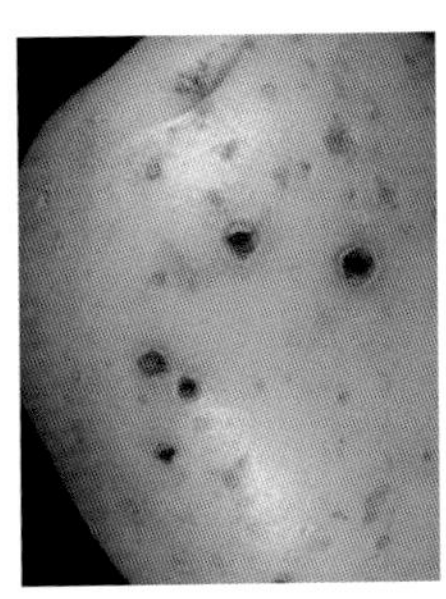
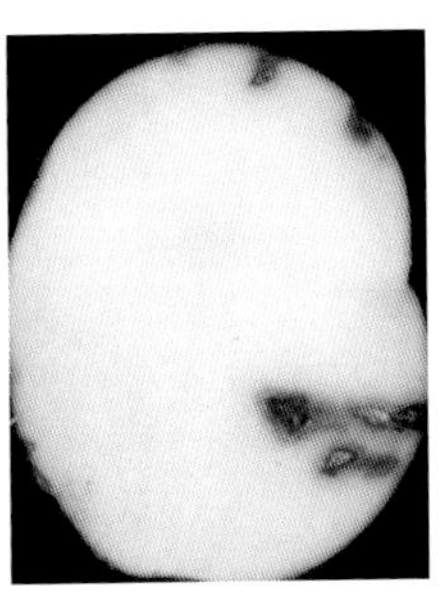
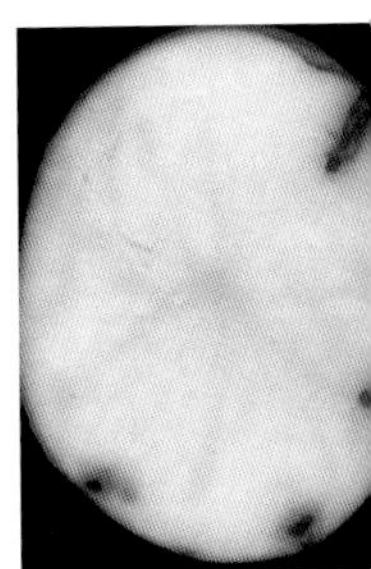

图3-65　马铃薯金针虫为害症状

2.形态特征

（1）**成虫**　体长8～9毫米或14～18毫米。体黑色或黑褐色，头部生有1对梳状或锯齿状的触角，胸部着生3对细长的足，前胸腹板具1个突起。胸部下侧有1个爪，受压时可伸入胸腔。头部能上下活动，似叩头状，因此俗称叩头虫。当叩头虫仰卧时如果突然敲击爪，叩头虫即会弹起向后跳跃（图3-66）。

（2）**幼虫**　圆筒形，体表坚硬。初孵化时为白色，随着生长发育变为蜡黄、金黄或茶褐色，有光泽，体壁较硬，故名金针虫。体窄长、略扁，长13～20毫米，有的长2～3厘米。末端有两对附肢，身体生有同色细毛，3对胸足大小相同。幼虫期1～3年（图3-66）。

（3）**蛹**　在土中的土室内蛹期大约3周。

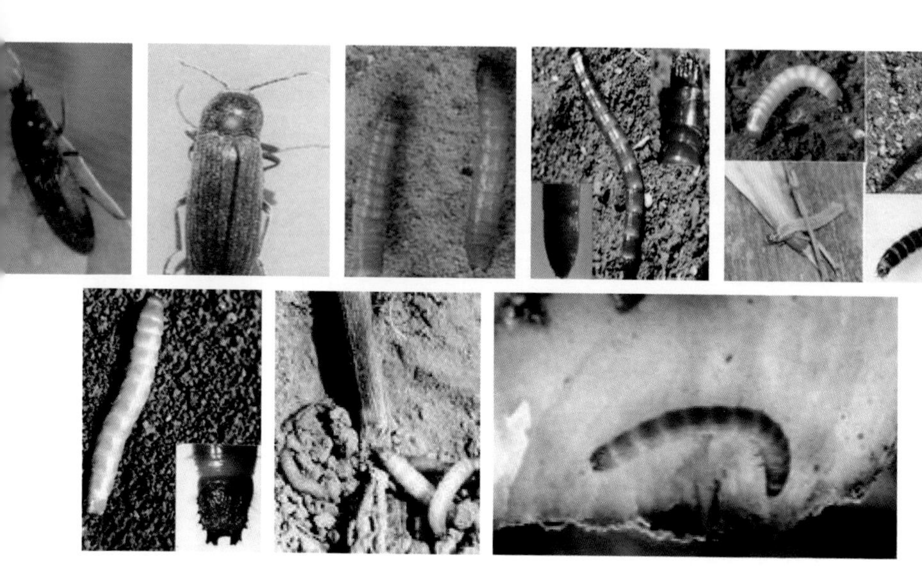

图3-66　不同类型的金针虫成虫及幼虫

3. 生活习性及发生规律

金针虫的生活史很长，以幼虫长期生活在土壤中，因种类不同土中生活年限不同，常需3～6年才能完成1代，以幼虫期最长。各代以幼虫或成虫在地下越冬。越冬深度约在20～85厘米之间。有些种类即在原处越冬。幼虫孵化后一直在土内活动取食，幼虫生长在地下可长达25毫米。可使马铃薯块茎表面产生不规则的浅坑，但不在块茎内部生活，也不为害块茎内部。以成虫、幼虫在土中越冬，翌年进入10厘米深处，地温10～20℃时活动最盛。多发生在低地、淤积地、低洼易涝地块、水浇地或黑土层厚、腐殖质含量高、水分充足的土壤中。

金针虫的成虫和幼虫钻入土中时留有虫洞，春季再由虫洞上升到耕作层。夏季低温超过17℃时逐渐下移。秋季地表温度下降后又进入耕作层为害。

在华北地区越冬成虫在翌年春季3月上旬开始活动，4月上旬为活动盛期，成虫白天躲在田地或田边杂草中和土块下，夜晚活动。雌性成虫不能飞翔，行动迟缓，有假死性，无趋光性。雄虫飞翔能力较强。交尾后在土中3～7厘米的深处产卵，卵孵化后幼虫可直接为害作物。沟金针虫幼虫老熟后，在8～9月间在土内化蛹，蛹期约20天，9月羽化为成虫即在土中越冬，翌年3～4月出土活动。金针虫的活动与土壤温度、湿度、寄主植物的生育时期等有着密切的关系，以春季为害最严重，秋季较轻。

4. 防治妙招

防治金针虫要以农业防治为基础，深耕和精细整地，及时翻耕可以杀死部分害虫。有条件的地方可轮作倒茬或水旱轮作。利用金针虫成虫的趋光性，在成虫发生期可在田间地头设置杀虫灯诱杀成虫。化学药剂防治一般多采用药剂拌种、撒毒土和生长季节灌根等方式。

（1）**合理轮作**　最好与水稻等水生作物轮作。

（2）**灌水灭虫**　在金针虫活动盛期常灌水，可抑制害虫为害。

（3）**土壤处理**　定植前对土壤进行处理，可用50%的辛硫磷乳油200～250克/667平方米，或20%的甲基异柳磷乳油200～250克/667平方米，或50%的辛硫磷粉剂2.5～3千克/667平方米，拌细土25千克，播种前撒施耙地，或顺垄条施。

（4）**药剂拌种**　可用60%吡虫啉悬浮种衣剂拌种，药剂、水与种子比例为1∶200∶10000。或用10%辛拌磷粉粒剂（或50%的辛硫磷乳油，或40%的甲基异柳磷乳油）按照药剂、水、种子比例为1∶40∶400进行拌种后再播种。

（5）**施用毒土**　可用50%的辛硫磷乳油每667平方米用量为200～250克，加水10倍，喷在25～30千克的细土上，均匀拌成毒土，顺垄条施，随即浅锄。或用5%的辛硫磷颗粒剂每667平方米用量为2.5～3千克撒施处理土壤。或用80%的敌百虫可湿性粉剂500克加水稀释后，拌入35千克细土中拌均匀后，在播种时将毒土集中放入沟中或穴中。或用5%的甲基异柳磷乳油200毫升，拌10千克磷酸二铵作为种肥撒入穴内，既可杀虫，又起到保护的作用。

（6）**土壤耕翻**　种植前要深耕多耙。收获后及时深翻。夏季多进行翻耕暴晒。

（7）**农业防治**　精细整地，适时播种，合理轮作，适时早浇水，及时中耕消灭杂草，创造不利于金针虫活动的环境，减轻作物受害程度。

（8）**药剂灌根防治**　马铃薯生长期发生沟金针虫为害造成死苗时，可在苗间挖小穴，将颗粒剂或毒土点入穴中，立即覆盖。土壤干旱时也可将80%的敌百虫可湿性粉剂500克加水25千克，或用40%的辛硫磷100～150毫升加水50～75千克配制成药液，进行灌根，可有效地防治金针虫。

十三、马铃薯地老虎

地老虎是威胁马铃薯的地下主要害虫之一。马铃薯块茎生长在地下，因其营养丰富成为许多地下害虫喜欢的食物，常造成害虫咬断薯芽或取食薯肉而感染土中的病菌，导致出苗不齐，马铃薯产量和品质严重下降。马铃薯地下害虫的为害为病菌的侵入创造了有利的条件，易加重病害发生的程度，增加了马铃薯贮藏期的损失，严重影响马铃薯食用品质、商品率及种用价值。所以，有效地防治马铃薯地下害虫，对于提高马铃薯产量、促进马铃薯产业的良性发展，有着非常重要的现实意义。

1.症状及快速鉴别

主要为害幼苗，咬断近地面的茎基部，使植株干枯死亡，造成缺苗断垄，严重的甚至毁种。还可取食薯肉，使马铃薯感染土中的病菌，导致产量和品质严重下降（图3-67）。

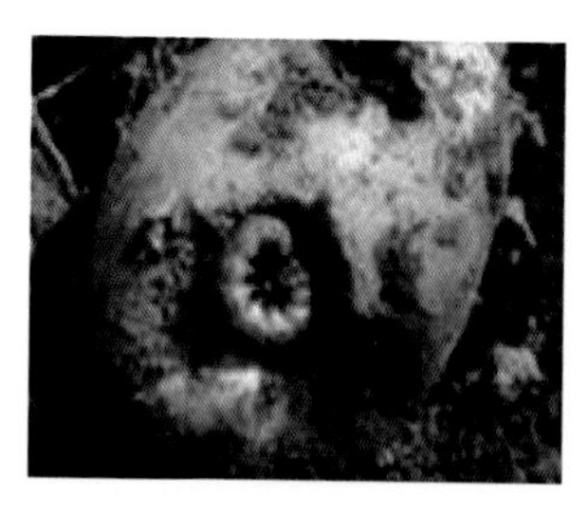

图3–67　马铃薯地老虎为害状

2.形态特征

以小地老虎为例。

（1）**成虫**　体长16～23毫米，翅展42～54毫米。雌蛾触角双栉齿丝状，栉齿仅达触角一半，端半部为丝状。前翅黑褐色，亚基线、内横线、外横线及亚缘线均为双条曲线。在肾形斑外侧有1个明显的尖端向外的楔形黑斑，在亚缘线上有2个尖端向内的黑褐色楔形斑，3个斑尖端相对是最显著的特征（图3-68）。

（2）**卵** 馒头形，直径0.61毫米，高约0.5毫米，表面有纵横相交的隆线。初产时乳白色，后渐变为黄色，孵化前顶部呈现黑点。

（3）**幼虫** 老熟幼虫体长37～47毫米，头宽3.0～3.5毫米。黄褐色至黑褐色，体表粗糙，密布大、小颗粒。腹末臀板黄褐色，有2条深褐色纵纹。幼虫背面各节均有4个毛片，呈梯形排列（图3-68）。

（4）**蛹** 体长18～24毫米，红褐色或暗红褐色。

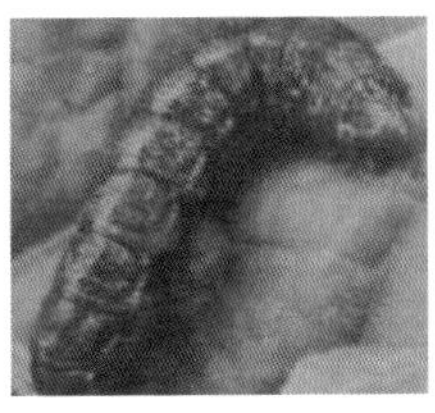
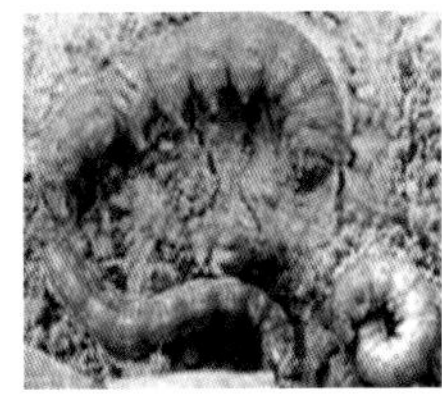

图3-68 马铃薯地老虎成虫及幼虫

3.生活习性及发生规律

成虫对黑光灯及糖醋酒等趋性较强，幼虫共6龄，3龄前在地面、杂草或寄主幼嫩部位取食，为害不大。3龄后昼夜潜伏在表土中，夜间出来为害，动作敏捷，性残暴，能自相残杀。老熟幼虫有假死习性，受惊缩成环形。蜜源植物多可为成虫提供营养，形成较大的虫源。

4.防治妙招

（1）**秋季深翻** 秋翻秋耙，破坏地老虎的越冬场所，可冻死准备越冬的大量幼虫、蛹和成虫，杀死大批卵，减少越冬数量，减轻翌年的为害程度。

（2）**清洁田园** 清除田间、田埂、地头、地边和水沟边等处的杂草和杂物，中耕灭虫，并带出地外集中处理，减少幼虫和虫卵的数量。

（3）**诱杀成虫** 利用糖蜜诱杀器和黑光灯、鲜马粪堆、草把等，对有趋光性、趋糖蜜性、趋马粪性的成虫进行诱杀，可减少成虫产卵，降低幼虫的数量。

（4）**药剂防治** 选用高效低毒的农药进行有效的防治。

① 使用毒土和颗粒剂 播种时，每667平方米可用30%佳植微囊悬浮剂500克兑水30千克，均匀喷在播种沟内，注意兑药前先将药剂在瓶中充分摇匀，采用二次稀释法充分稀释。或每667平方米用1%敌百虫粉剂3～4千克加细土10千克掺匀。或用3%米乐尔颗粒剂顺垄撒在沟内，毒杀苗期为害的地下害虫。或在中耕时将1%的敌百虫粉剂3～4千克加细土10千克掺匀，或用3%米乐尔颗粒剂撒在苗根部毒杀害虫。也可每667平方米用50%敌敌畏500克加水2.5千克，喷在100千克干沙上，边喷边搅拌制成毒沙，在黄昏时撒在苗的附近处。或用2.5%敌百虫粉每667平方米用1.5～2千克拌细土10千克，撒在苗的附近。或每667平方米用3%的辛硫磷颗粒剂4～5千克均匀撒在播种沟内，然后播种、覆土盖种。

② 喷雾防治 每667平方米可用功夫·毒辛乳油600克兑水30千克，或每667平方米每次用50%的辛硫磷乳油500克兑水30千克，均匀喷洒在播种沟内。

提示 播种及施药程序为开沟→播种→喷药→覆土盖种。

③ 灌根 可用40%的辛硫磷乳油1500～2000倍液，在马铃薯苗期灌根，每株每次用药液50～100毫升。

④ 使用毒饵 小面积防治可用饵料（麸皮、豆饼）等5千克炒香，然后用90%的晶体敌百虫30倍液0.15千克拌匀，加适量水拌潮制成毒饵。每667平方米用毒饵料1.5～2.5千克，在晚上撒在田间。

第三节 马铃薯病虫害综合防治

一、马铃薯主要病虫害

马铃薯病虫害多达100余种，国内常见的病害有15种，其中晚疫病、环腐病和病毒病通常称为马铃薯的“三大病害”。主要虫害包括马铃薯瓢虫、蚜虫、白粉虱、马铃薯甲虫、块茎蛾、蛴螬、小地老虎、蝼蛄等。一般因病虫害可导致减产10%～30%，严重时可减产70%以上。马铃薯病虫害防治要按照“预防为主，综合防治”的植保方针，抓住关键时期、关键环节、关键措施和重点病虫害，切断病虫害源头，加强栽培管理提高植株抗性，科学合理用药确保防治效果。实施以推广抗病品种和脱毒种薯为基础，种薯处理和预测预报指导下的药剂防控相结合的综合防控措施，大力推进专业化统防统治，及时有效控制病虫害的传播流行。

（1）**马铃薯真菌性病害** 主要有马铃薯晚疫病、早疫病、癌肿病、粉痂病、炭疽病、红腐病、白霉病、灰霉病、湿腐病、皮斑病、茎腐病、丝核菌溃疡病、干腐病、枯萎病、黄萎病等。

（2）**马铃薯细菌性病害** 主要有马铃薯黑胫病、环腐病、软腐病、褐腐病、普通疮痂病、粉红色芽眼病等。

（3）**马铃薯病毒性病害** 主要有卷叶病毒病、Y病毒病、X病毒病、A病毒病、M病毒病、S病毒病等。

（4）**虫害** 主要是马铃薯瓢虫、蚜虫、白粉虱、马铃薯甲虫、块茎蛾、金龟子、棉铃虫、银纹夜蛾、斜纹夜蛾、蛴螬、小地老虎、蝼蛄等。

二、建立分区防控体系

（1）**高发区** 防控重点是合理布局，选择抗病品种。发病前采取保护性药剂预防，发病后采取治疗性药剂和保护性药剂交替防治。

（2）**常发区** 防控重点是合理布局，选择抗病品种。发病初期如果遇适宜传播的气象等环境条件时，采用保护性药剂与治疗性药剂防治相结合。

（3）**偶发区** 加强病情监测，密切关注气象等环境条件，一旦出现发病中心立即采用治疗性药剂予以控制。

三、切断病虫源

坚持经常认真观察，田间初现染病病株时要及时清除，并用生石灰进行土穴消毒防止传染。病毒病初现时要注意做好蚜虫的防治工作，防止病情扩散。严格执行检疫制度，从无检疫性病虫害的马铃薯栽培地区引种，各地可根据本地的实际情况，因地制宜地灵活选择品种，尽量选用抗、耐病虫性强的适应当地气候环境条件的优良品种。选用的种薯要经过脱毒处理，播种前的种薯消毒是预防马铃薯病害发生的关键性技术措施。

四、不同时期具体防控措施

1.播种期防治

（1）**推广抗病脱毒种薯** 各地在加强田间马铃薯品种抗病性监测的基础上，选择抗性好的品种，大力推广生产脱毒种薯，广泛应用一级脱毒种薯进行商品薯的生产。

（2）**种薯处理** 播种前剔除病薯，将种薯先放在室内堆放5～6天进行晾种，不断剔除病烂薯，减少田间马铃薯环腐病等病害的发生。

淘汰病烂薯，提倡小种薯整薯播种。如果必须切块时，切刀必须坚持经常进行严格的消毒，可用75%的酒精，或0.1%的高锰酸钾，或40%的福尔马林溶液浸泡，浸渍消毒。

种薯处理方法：种块可选用噁霜·锰锌，或霜脲·锰锌等药剂拌种。旱作区可用马铃薯专用浸种剂+噁霜·锰锌+霜脲·锰锌混合拌种。种薯拌药后应放在通风、避光、阴凉处晾置2～3天，晾干待切口创面愈合后，可用种薯量的0.1%～0.2%的敌克松+草木灰进行拌种后再播种。浸种可用2%盐酸溶液，或40%的福尔马林200倍液，浸泡5分钟。或用40%福尔马林200倍液，将种薯浸湿，再用塑料布盖严，约闷2小时。也可用58%的甲霜灵·锰锌，或72%的霜脲氰·锰锌溶液浸种20分钟，晾干播种。

（3）**加强栽培管理，提高植株抗性** 加强栽培管理，重视推广高垄、大垄栽培。尤其在雨水多、墒情好的地方可采取垄上播种及平播后起垄等栽培方式，降低薯块的带菌率。马铃薯晚疫病等病害重发区，适当降低种植密度，控制氮肥，增施磷、钾肥。采用科学轮作等栽培措施，避免与茄果类、十字花科类作物轮作或套种，严禁与番茄轮作。

2.生长期防治

在生长期内根据马铃薯的生理需求，科学灌水，合理施肥，补施微肥，增施有机肥，改良土壤，抑制有害病菌在田间活动，减少或遏制各种病虫害的发生和为害。

（1）**加强监测预警** 采取系统监测与田间实查相结合、定点调查与大田普查相结合，确定防治病虫害的最佳防治时期。

（2）**中心病株处理** 当发现中心病株时，要连根和薯块全部挖出，带出田外集中深埋，埋土深度1米以上，或进行销毁。对病株周围50米范围内喷施霜脲·锰锌或氟菌·霜霉威等杀菌药剂进行防治，封锁控制。每隔7天喷1次，连喷3次，阻止病害的扩展和蔓延。

（3）**控制徒长** 在马铃薯现蕾期，当株高30～40厘米且有徒长迹象时，采用烯效唑或马铃薯专用植物生长调节剂均匀喷雾，控制徒长。

（4）**推广应用绿色防控技术，构建和谐生态环境** 提倡大力推广应用频振式杀虫灯、黄板、性诱剂等物理、生物防治措施，诱杀马铃薯害虫，确保生态安全。如利用频振式杀虫灯可诱杀小地老虎、金龟子、棉铃虫、银纹夜蛾等害虫，利用黄板可诱杀蚜虫，利用性诱剂可诱杀斜纹夜蛾等害虫。马铃薯瓢虫、甲虫可用90%的敌百虫颗粒1000倍液，或20%氰戊菊酯3000倍液喷雾防治。

（5）**主要地下害虫防治** 地下害虫主要包括小地老虎、蛴螬、金针虫和蝼蛄等，可用毒土防治的方法，对小地老虎用敌敌畏0.5千克兑水2.5千克，喷在100千克干沙土上，边喷边拌均匀制成毒沙，傍晚撒在苗眼附近。防治蛴螬和蝼蛄可用75%的辛硫磷0.5克加少量水，喷拌细土125千克，施在苗眼附近，每667平方米撒毒土20千克。

（6）**药剂控病** 从马铃薯现蕾期开始喷施1～2次保护性杀菌剂，如代森锰锌、氰霜唑、丙森锌、双炔酰菌胺等进行预防。田间初见病后，重发区应立即组织开展专业化统防统治，选用治疗性杀菌剂，如烯酰吗啉、氟菌·霜霉威、噁酮·霜脲氰、霜脲·锰锌等药剂均匀喷雾，每隔7～10天喷1次，连续防治2～4次。常发和偶发区根据监测预报，选用上述药剂防治2～3次，或用申嗪霉素、枯草芽孢杆菌等生物制剂进行防治，均匀、周到、交替喷药，喷药后4小时如果遇雨应及时补喷。

提示 注重轮换用药，适当利用有机硅助剂可提高药效。

科学合理用药，确保防治效果。在病虫防治关键时期，选用高效、低毒的对口农药开展化学防治，马铃薯早、晚疫病可选用百菌清、杀毒矾、甲霜灵·锰锌、霜脲氰·锰锌、代森锰锌等药剂。防治马铃薯病毒病要加强对传毒媒介昆虫蚜虫的防治，药剂可选用吡虫啉、扑虱灵等；发病初期可喷施叶面肥＋宁南霉素（或病毒A）抑制病害的发展蔓延。灭鼠可选用敌鼠钠盐等安全高效灭鼠药剂。

（7）综合防治

① 切断病源。严格执行检疫制度，从无病虫地区引种，选无病留种田留种。由于马铃薯黑胫病、环腐病、疮痂病、晚疫病、青枯病等可通过薯块传播，在选种时一定要选用抗病虫害的种薯，选择的薯种最好要经过脱毒处理。购种及种薯切块、催芽、播种过程中，要挑拣出畸形、病、烂及萌芽过早或不萌芽的种薯。捡出后集中处理，切勿乱扔。种薯在切块前将种薯在阳光下晒2天，防病效果较好。

② 消毒处理。切块时坚持经常严格刀具消毒，切块时发现病薯要用40%甲醛120倍液或0.1%～0.2%的升汞水消毒刀具后，再进行切块。切块后进行药剂浸种处理，可针对不同的病害选取针对性的有效药剂，如甲醛可防治晚疫病、青枯病、疮痂病等。由于马铃薯环腐病存在于微管束中，一般药剂很难杀死薯块内的病菌，可用浓度为50毫克/升的硫酸铜（或农用链霉素）浸泡种薯块约10分钟。可用多菌灵防治立枯丝核菌等半知菌亚门引起的真菌性病害。

③ 农业防治。及早耕翻田块，在冬、春季节检查成虫越冬场所，及时清理田间病虫残株，消灭病虫源。上茬作物收获后及早进行翻耕，马铃薯生长过程中及收获后，要认真清理病虫株残体。如果在生长期内出现马铃薯黑胫病、青枯病、环腐病等病株，应尽早拔除，清理干净，避免病害随水传播蔓延，减少病菌在田间残存积累。马铃

薯不宜连作，要合理轮作换茬，发病较重的地块实行3年以上轮作换茬，如果发生青枯病最好与禾本科作物进行 3～5 年轮作；发生疮痂病时要与豆科、葫芦科、百合科等蔬菜实行5年以上的轮作。通过合理轮作能减少病菌、线虫及有害昆虫的数量，减轻有害生物造成的损失。

④ 收获前预防马铃薯块茎感病。马铃薯收获前一周进行杀秧，将茎叶清理出菜田外集中处理。杀秧后地表喷施1次霜脲·锰锌或嘧菌酯，预防块茎感病。要选择晴天进行收获。

3.贮藏期管理

入窖前剔除病薯和有伤口的薯块，然后在阴凉通风处堆放2～3天。贮藏前用硫黄，或腐霉·百菌清，或三氯异氰脲酸熏蒸贮窖，进行一次彻底的消毒。贮存量控制在贮窖容量的2/3以内。贮藏期间加强通风，温度控制在1～4℃的范围，湿度不高于75%。

五、马铃薯病虫害防控推荐用药

应用化学药剂防治马铃薯重大病虫害，必须坚持尽量少用、适时使用、科学用药的原则，优先选择悬浮剂、水乳剂、油悬浮剂、水分散粒剂、可溶液剂、可溶性粉剂等环保剂型。为了有的放矢做好化学防治工作，建议对马铃薯用以下药剂：

（1）**马铃薯种薯处理**　选用噁霜·锰锌、霜脲·锰锌等药剂拌种。

（2）**马铃薯地下害虫防控**　选用辛硫磷、晶体敌百虫、溴氰菊酯、乙酰甲胺磷、氰戊菊酯、氯氰菊酯等。

（3）**马铃薯病害防控**　选用氟菌·霜霉威、嘧菌酯、霜脲·锰锌、精甲霜·锰锌、烯酰吗啉、噁酮·霜脲氰、甲霜灵、甲基硫菌灵、多菌灵、百菌清、申嗪霉素、枯草芽孢杆菌、多抗霉素、病毒A、硫酸链霉素、农用硫酸链霉素、氢氧化铜、代森锰锌、氰霜唑、丙森锌、双炔酰菌胺等。

（4）**马铃薯贮藏前熏蒸消毒贮窖**　选用硫黄、腐霉·百菌清、三氯异氰脲酸等。

参考文献

[1] 商鸿生. 白菜甘蓝萝卜类蔬菜病虫害诊断与防治原色图谱. 北京：金盾出版社，2003.

[2] 万江红. 蔬菜病虫害防治实用技术. 北京：中国农业科学技术出版社，2016.

[3] 王恒亮. 蔬菜病虫害诊治原色图鉴. 北京：中国农业科学技术出版社，2013.

[4] 郭书普，董伟，魏凤娟. 萝卜、青菜、大白菜病虫害鉴别与防治技术图解. 北京：化学工业出版社，2012.

[5] 郭书普. 马铃薯、甘薯、山药病虫害鉴别与防治技术图解. 北京：化学工业出版社，2012.

[6] 贺莉萍，禹娟红. 马铃薯病虫害防控技术. 武汉：武汉大学出版社，2015.

[7] 鲁剑巍. 马铃薯常见缺素症状图谱及矫正技术（作物常见缺素症状系列图谱）. 北京：中国农业出版社，2015.

[8] 吕佩珂，苏慧兰，李秀英. 葱姜蒜薯芋类蔬菜病虫害诊治原色图鉴. 第二版. 北京：化学工业出版社，2017.